EDITORIAL

Liebe Leserinnen, liebe Leser!

Sizilien ist eine Insel, die viele Menschen begeistert. Kulturinteressierte kommen ohnehin auf ihre Kosten, denn die Liste der Sehenswürdigkeiten ist lang – und nirgendwo sonst rund ums Mittelmeer stehen größere und prächtigere griechische Tempel als auf Sizilien. Für Naturfreunde und Wanderer gibt es viel zu entdecken und wer gern am Strand relaxt, findet manch stille Badebucht.

Vom Reiz des Landlebens

Am schönsten ist Sizilien für mich im Landesinneren, wo die Natur noch unberührt ist, wo im Frühjahr alles grünt und blüht. Wo die manchmal gar nicht so malerischen Küsten- und Bergorte weit entfernt sind. Und wo übernachtet man? Keine Frage. In einem Agriturismo-Betrieb. Davon gibt es mittlerweile rund 300 auf Sizilien. Es ist die italienische Variante von Ferien auf dem Land. Das Tolle ist: Bisher habe ich nur sehr engagierte Inhaber erlebt, die bestrebt sind, ihre Gäste regelrecht zu verwöhnen, die köstliche Hausmannskost servieren und auf individuelle Wünsche gerne eingehen. Eine ihrer Lieblings-Agriturismoadressen stellen Ihnen unsere Autoren Daniela Schetar-Köthe und Friedrich Köthe auf S. 38 ff. vor.

Von einer Insel zur anderen

Wer nur eine oder zwei Wochen Zeit hat, wird Mühe haben, auch nur die Highlights von Sizilien kennenzulernen. Wenn Sie noch ein paar zusätzliche Urlaubstage erübrigen können, lege ich Ihnen die Liparischen Inseln besonders ans Herz. Die sieben Vulkaninseln sind wahre Traumeilande, wobei jede Insel ihren ganz besonderen Reiz hat. Von der zentralen Insel Lipari aus kann man zum Island-Hopping starten, kann sich in eine fast archaisch anmutende Welt begeben und besucht dennoch eines der exklusivsten Reiseziele Italiens.
Viel Vergnügen!

Ihre
Birgit Borowski
Programmleiterin DuMont Bildatlas

»Italien ohne Sizilien macht gar kein Bild in der Seele: hier ist erst der Schlüssel zu allem.«

Johann Wolfgang von Goethe

Die Fotografin **Sabine Lubenow** *war schon oft in Italien unterwegs, doch Sizilien kannte sie bislang noch nicht. Das erklärt wohl auch den Charme vieler ihrer Bilder, die das Ergebnis einer nach und nach immer intensiver werdenden Beziehung sind.*

Die Autoren **Daniela Schetar** *und* **Friedrich Köthe** *leben als Reisejournalisten in München. Seit sie Sizilien in ihrer Studienzeit erstmals trampend erforschten, fasziniert sie die vielschichtige, von Orient und Okzident geprägte Kultur der Insel.*

86 Bei der Karfreitagsprozession in Trapani trägt man lebensgroße Figurengruppen der Passionsgeschichte durch die Stadt.

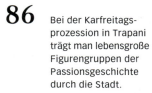

90 Zwischen Trapani und Marsala findet man große Salinenfelder

38 „Ferien auf dem Bauernhof": Gastlichkeit m Agriturismo Donna Lavia.

Impressionen

8 Sizilianische Ansichten: Das Leben auf der Insel wird geprägt von Mut und Übermut am Strand, vom Erbe Trojas, von der Passion bei der Prozession, von antiker Schönheit und atemberaubender Natur, von barocker Pracht und dem stets bewegenden urbanen Alltag.

Palermo und der Nordwesten

24 **Orient und Okzident vereint**
Palermo – die mächtige Metropole von Arabern und Normannen, die Steuerzentrale der Cosa Nostra, die Stadt des Aufbruchs und der Hoffnung – ist eine ungemein dynamische, faszinierende Stadt voller atemberaubender Kunstwerke.

DUMONT THEMA
38 **Vom Reiz des Landlebens**
In Sizilien ist Agriturismo, die italienische Variante von „Ferien auf dem Bauernhof", besonders weit verbreitet.

42 **Citymap, Straßenkarte**
43 **Infos & Empfehlungen**

Catania und der Nordosten

46 **Die schwarzen Töchter des Vulkans**
Unterschiedlicher könnten sie nicht sein: Catania, Sitz der ältesten Universität Siziliens, das romantische Taormina und das von Hafen und Industrie geprägte Messina.

DUMONT THEMA
56 **Der grollende Feuergott**
Obwohl sie seine Unberechenbarkeit fürchten, scheinen die Menschen vom Ätna geradezu magisch angezogen zu sein.

58 **Straßenkarte**
59 **Infos & Empfehlungen**

UNSERE FAVORITEN

Best of ...

22 **Essen und Trinken mit (Aus-)Sicht**
Die besten Plätze, um bei fantastischer Sicht Mittag zu essen, in den Abend einzusteigen oder ihn ausklingen zu lassen.

76 **Bergstädte und Dörfer**
Genug von Sonne und Strand? Kein Problem, das Kontrastprogramm ist ganz nah.

110 **Strände: Mare nostrum**
Endlos lange Strände und kleine verschwiegene Buchten, schwarzer Fels und grüne Hänge, weißer und goldgelber Sand ...

35 Jesus als Weltenherrscher: Mosaik im Dom von Monreale.

96 **Straßenkarte**
97 **Infos & Empfehlungen**

Liparische Inseln

100 **Götter des Feuers und des Windes**
Vulcano, Lipari, Alicudi, Filicudi, Salina, Panarea und Stromboli: sieben vulkanische Inseln im Tyrrhenischen Meer warten auf einen Besuch.

112 **Straßenkarte**
113 **Infos & Empfehlungen**

Anhang

116 **Service – Daten und Fakten**
121 **Register, Impressum**
122 **Lieferbare Ausgaben**

Siracusa und der Südosten

62 **Im Licht der sizilianischen Sonne**
Siziliens Südosten ist mit drei Weltkulturerbestätten der UNESCO so reich an kulturellen Zeugnissen aller Epochen, dass man alleine hier einen ganzen Urlaub verbringen könnte.

DUMONT THEMA
72 **Kochen ohne Kapriolen**
Für die sizilianischen Kochtöpfe steuerte die Natur einen prallvollen Gabenkorb bei und die sizilianische *mamma* ihr Temperament.

78 **Straßenkarte**
79 **Infos & Empfehlungen**

Trapani und der Westen

82 **Afrika ante portas**
Hier war man den Kulturen, Traditionen und Aromen des Nahen Ostens und Nordafrikas stärker ausgesetzt als im Rest der Insel.

DUMONT THEMA
94 **Wo die Gewalt regiert**
Die Mafia ist ein internationales Phänomen, doch auf der Insel schlägt ihr Herz.

DuMont Aktiv

Genießen   Erleben   Erfahren

45 **Der höchste Berg der Madonie ...**
... lockt mit Weitblicken.

61 **Auf schmaler Spur ...**
... rund um den Ätna: eine Fahrt mit der Circumetnea bringt aufregende Perspektiven.

81 **Wanderung durch die ...**
... Pantalica-Schlucht: Auf den Spuren längst vergangener Zivilisationen.

99 **Pantelleria per Quadbike entdecken**
Ein Riesenspaß!

115 **Auf den Stromboli**
Einmalig in Europa: Vulkanfeuerwerk auf dem Gipfel.

Topziele

Die bedeutendsten Sehenswürdigkeiten Siziliens und der Liparischen Inseln sowie Erlebnisse, die Sie keinesfalls versäumen dürfen, haben wir auf dieser Seite für Sie zusammengestellt. Auf den Infoseiten ist das jeweilige Highlight als **TOPZIEL** *gekennzeichnet.*

KULTUR

1 Palermo: Die sizilianische Hauptstadt zeigt Normannenkunst und feinsten Barock. **Seite 43**

2 Monreale: Die Kathedrale ist ein Höhepunkt des arabo-normannischen Kunstschaffens. **Seite 44**

3 Taormina: Siziliens romantisches Adlernest mit wunderbar erhaltenem antiken Theater. **Seite 60**

4 Syrakus: Auf Ortigia sind griechische Säulen und Pilaster Teil der historischen Stadt. **Seite 79**

5 Noto: Die Stadt kombiniert ein architektonisches Barockfeuerwerk mit dem Charme der Vergänglichkeit. **Seite 80**

6 Villa Romana del Casale: Mosaiken als historisches Bilderbuch, das zeigt, wie gut es sich die Römer einst auf Sizilien ergehen ließen. **Seite 81**

7 Valle dei Templi: Monumentale Siegestempel und ein intimer Garten sind die Spuren des antiken Akragas. **Seite 97**

ESSEN UND GENIESSEN

8 Jonico, Syrakus: Hier stimmt alles: die tolle Aussicht, die gute Küche und der leckere Wein! **Seite 79**

9 Hotel Signum, Salina: Ein verwunschenes Labyrinth aus Gärten, Höfen und traditionellen Häusern – und die beste Küche des Archipels. **Seite 114**

ERLEBEN

10 Mercato di Ballarò, Palermo: Beim Shoppingbummel durch den „Bauch von Palermo" erleben Sie die multikulturellen Wurzeln der Stadt. **Seite 44**

11 Cefalù: Hier lässt sich der Charme eines mittelalterlichen Städtchens mit Badefreuden gut vereinen. **Seite 45**

12 Ätna: Sizilien ohne Ätna? – Geht gar nicht. Da muss man hinauf, das möchte man mit eigenen Augen sehen – das sollte man einfach mal erleben! **Seite 61**

13 Belvedere Quattrocchi, Lipari: Der Archipel ist reich an fantastischen Aussichtspunkten. Dieser hier ist wohl der schönste von allen. **Seite 113**

IMPRESSIONEN
8 – 9

Troja und die Folgen

Der im 5. Jh. v. Chr. errichtete dorische Säulentempel von Segesta, rund 40 Kilometer südöstlich von Trapani einsam am Rand eines weiten Tals in den sizilianischen Bergen gelegen, gilt als unvollendetes Heiligtum der Elymer, die hier nach der Zerstörung Trojas eine neue Heimat fanden. Im Frühjahr umgibt den Tempel ein Blütenmeer – als wolle die Natur den großen Unvollendeten um ein paar Farbtupfer bereichern.

Biblische Bildergeschichten

Überreich mit Mosaiken geschmückt ist die Capella Palatina im ersten Stock des Normannenpalastes in Palermo. Sie zeigen Szenen aus dem Alten und Neuen Testament. Gleich mehrfach dargestellt ist Christus als „Allherrscher" („Pantokrator"), nach byzantinischem Vorbild umgeben vom himmlischen Hofstaat der Engel.

Buntes Markttreiben

Wenn es stimmt, dass man die Seele einer Stadt am besten auf ihren Märkten erfassen kann, dann gilt das ganz sicher für Palermo und den zwischen Via Roma und dem Hafen gelegenen Mercato della Vucciria, dem größten Lebensmittelmarkt der Stadt. Wie in einem orientalischen Souk gibt es hier keine überdachte Markthalle, sondern ganze Straßenzüge, entlang derer sich die Stände mit wohlriechenden Kräutern, leckeren Dolci und vielem anderen mehr reihen.

Theaterdonner

„Griechisch" am Griechischen Theater von Taormina ist nur die historische Epoche, in der es errichtet wurde: im 3. Jh. v. Chr. unter Hieron II. von Syrakus. Rund 500 Jahre später, in römischer Zeit, wurde es rundum erneuert, weshalb das Griechische Theater bis heute ziemlich römisch anmutet. Aber, mal ehrlich: Wem wäre das bei *diesem* Blick auf den Ätna nicht ziemlich egal?

Palermo Shooting

Dass dem Tote-Hosen-Sänger Campino in der Rolle des Starfotografen Finn in der sizilianischen Hauptstadt (hier mit einem nächtlichen Blick auf die Kathedrale) sowohl der Tod (in der Gestalt von Denis Hopper) als auch die Liebe (verkörpert von Giovanna Mezzogiorno) begegnen, kann kein Zufall sein: Welche andere italienische Stadt wäre besser geeignet, einen Film wie „Palermo Shooting" zu drehen, der sich so sehr mit dem Tod auseinandersetzt, „auch wenn er letzten Endes das Leben feiert" (Wim Wenders)?

Sommer, Sonne, Sizilien

Badefreuden an der Nordküste der Insel, vor der bezaubernden Altstadtkulisse von Cefalù. Wo der Filmklassiker „Cinema Paradiso" von Giuseppe Tornatore gedreht wurde, weiß man(n) sich auch beim Sprung ins erfrischende Nass formvollendet zu inszenieren.

IMPRESSIONEN
18 – 19

Aufbruch in eine andere Welt

Eine Fahrt auf den über 3300 Meter hohen Ätna führt durch die unterschiedlichsten Klima- und Vegetationszonen. Vom Rifugio Sapienza starten Geländebusse bis in 2900 Meter Höhe, weiter geht es dann in Begleitung autorisierter Bergführer zu den jeweils jüngsten Ausbruchskratern.

UNSERE FAVORITEN

Die besten Plätze mit Sicht

Pizza, Pasta, Piazza

Am Strand gewesen, im Wasser gedümpelt, Sonne getankt. Jetzt duschen, frische Kleider, ein Aperitif und dann Essen, danach ein Glas Wein in der Bar – Urlaub! Unser Ranking verrät die besten Plätze, um bei fantastischer Sicht auf die wichtigen und weniger wichtigen Dinge Mittag zu essen, in den Abend einzusteigen oder ihn ausklingen zu lassen.

1 Aperitif in Balkonien

Kleiner geht es nicht mehr! Nur drei Tische passen auf das Balkönchen, den Blick auf Meer und Mole rahmt ein Rundbogen. Unten plätschert das Wasser, der Himmel hoch oben zeigt sich in seinem schönsten Blau, wird am Horizont schon leicht rot, im Glas funkelt der Wein wie Rubin. Reservieren kann man nicht – le der! Sind alle Plätze weg, muss man eben im Laden des Tonneau die Wartezeit überbrücken: Zahlreiche sizilianische Spezereien und Weine stehen in den Regalen.

Le Petit Tonneau, Via Vittorio Emanuele 49, Cefalù, Tel. 09 21 421447, http://lepetittonneau.it

2 Dem Fischer ganz nah

Es gibt keine bessere Stelle für Meerestier-Kulinarik als einen Fischmarkt. Die Pescheria von Catania gleich hinter dem Dom ist ein wildes Durcheinander von Fischhändlern in Gummistiefeln mit scharfen Messern und Hausfrauen in Sandalen mit bunten Taschen. An den Terrassentischen der Osteria Antica Marina is(s)t man (fast) mittendrin im Getümmel – und kann sicher sein, dass es frischer nicht geht.

Osteria Antica Marina, Via Pardo 29, Catania, Tel. 09 5 34 81 97, www.anticamarina.it

3 Weineis am Domplatz

Für eine Pause tagsüber oder als abendliche Schleckerei – manche halten das Eis von DiVini für das beste Siziliens (und die Lage der Gelateria ebenso). Es schmeckt göttlich, der Dombarock am oberen Piazza-Ende wächst endlos in den Himmel und befördert das Hochgefühl. Unbedingt versuchen sollte man Moscato und Passito. Ja, genau, sie sind aus Wein. Natürlich gibt es auch die „tradizionali": Nuss, Schokolade, Kaffee … Die Doppeldeutung des Namens DiVini („aus Wein"/„göttlich") ist übrigens Absicht.

Gelati DiVini, Piazza Duomo, Ragusa, www.gelatidivini.it

4 Pizza auf der Piazza

Pizza ohne Ofen? Die Pizza Siciliana ist besonders hier, an den Flanken des Ätna, perfekt: Teig, Käse, Sardellen – zusammenklappen – frittieren. Mit die besten bäckt Donna Peppina, wobei jeder Einheimische seinen Geheimtipp hat (und der Dorfplatz mehrere Bars, die um Kundschaft buhlen). Am leckersten schmeckt die Pizza nicht am Plastiktisch, sondern beim Flanieren über die Terrasse der Piazza Umberto I Belveder, den Vulkan im Rücken und Catania vor Augen.

Donna Peppina, Via Roma 220, Zafferana Etnea, Tel. 09 5 7081410, www.donnapeppina.com

UNSERE FAVORITEN
22 – 23

5 Entspannt am Strand

Zehn Meter nur sind es bis zum Meer, auch nur zehn Meter bis zum Wald, dazwischen steht ein einfacher Holzbau, nach Osten hin blickt auf einen schier endlosen Strand! Tischfüße im Sand, die Sonne brennt heiß, der Wein ist kühl und schmeckt – im La Pineta kann man so richtig die Seele lassen (und frau natürlich auch). So nah am Wasser und die salzige Luft auf den Lippen speist man auch auf Sizilien nur höchst selten. Mittags ist Strandkleidung akzeptiert, abends wird legeres Understatement empfohlen. Auf der Bühne weit draußen ziehen tagsüber Jachten vorbei, nachts grüßen die Laternen der Dampfer – ja, das Leben kann so schön sein.

La Pineta,
Via della Pineta,
Marinella di Selinunte,
Tel. 09 24 46 82 0

6 Türkises Wasser, weißer Stein

Lage und Sicht hoch über den Felsen der Türkentreppe sind unvergleichlich. Das kreideweiße Gestein reflektiert Sonnenlicht in alle Richtungen und gibt dem Meer eine für Sizilien einzigartige Südseenote. Deshalb sollten Sie unbedingt tagsüber herkommen und sich nach einem ausgiebigen Bad auf der schattigen Terrasse des Restaurants niederlassen. Mit einer Pizzabestellung machen Sie nichts falsch (Sie sind ja wegen der Sicht und nicht wegen einer Gourmetküche) gekommen.

Lido Scala dei Turchi,
Contrada Scavuzzo, Realmonte, Tel. 09 22 814563

7 Großherzogs Belvedere

Es sollte schon die erste Reihe sein, wenn man sich zum Abendessen auf einer der Terrassen niederlässt. Der Blick über die Küste tief unten ist wunderschön, Palmwedel explodieren förmlich wie Feuerwerk, Zypressen stechen in den Himmel – herzogliche Gefühle sind einem hier oben wirklich ganz nah. Dass das Publikum bunt gemischt ist, liegt an der Volksnähe der Preise in der Pizzeria. Im Ristorante gibt's (auch preislich entsprechend) gehobene Fischgastronomie als Kontrastprogramm.

Granduca, Corso
Umberto I 172, Taormina,
Tel. 09 42 24983, www.
granduca-taormina.com

Orient und Okzident vereint

Palermo – mächtige Metropole von Arabern und Normannen, Steuerzentrale der Cosa Nostra, Stadt des Aufbruchs und der Hoffnung – ist eine ungemein dynamische, faszinierende, schrecklich-schöne Stadt voller atemberaubender Kunstwerke. Bereits im Mittelalter hielten die Menschen angesichts dieser Weltstadt und ihrer alles überstrahlenden Herrscher den Atem an.

Zu den bedeutendsten italienischen Musikbühnen gehört Palermos Teatro Massimo an der Piazza Giuseppe Verdi.

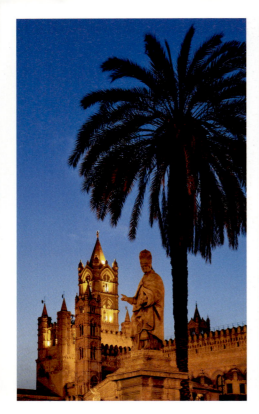

Nachts ist die Kathedrale von Palermo stimmungsvoll erleuchtet.

Der Innenraum der Cappella Palatina im Palazzo dei Normanni (Normannenpalast) beeindruckt mit Marmorsäulen und leuchtenden Mosaiken auf goldenem Grund.

Im Äußeren der Kathedrale von Palermo blieb der Charakter des Normannendoms erhalten – am reinsten an der Ostseite des mehrfach umgestalteten Gotteshauses.

Palermos Rathausplatz wird geprägt von einem monumentalen Brunnen, den die Florentiner Bildhauer Francesco Camilliani und Angelo Vagherino in den Jahren 1544 bis 1555 ursprünglich für den Schlosspark in Florenz schufen; seit 1573 steht er hier auf der Piazza Pretoria.

Trotz des atemberaubenden Verkehrs erkundet man Palermo am besten zu Fuß.

Wie ein Schwarm nervöser Hornissen arbeiten sich die Rollerfahrer zwischen den dicht an dicht stehenden Autos vor den Kreuzungen nach vorne, überholen auf Gegenfahrbahn und Gehsteig, bis sie die ersten Positionen an der roten Ampel erobert haben. Das Jaulen der Vespas echot in den engen Straßen, steigert sich zum ohrenbetäubenden Heulen; endlich blinkt das Grün, und die Kamikazefahrer schießen los. Dass sich der Verkehr zumindest im Herzen Palermos ein wenig zum Guten gewendet hat liegt an der jetzigen Stadtregierung, die 2014 gegen den Willen der Geschäftsleute (und auch des einen oder anderen bequemen Palmeritaners) eine der Hauptachsen zur verkehrsberuhigten Zone erklärt hat. Die über die berühmte Piazza Quattro Canti („Vier Ecken") verlaufende Via Maqueda dürfen seitdem tagsüber nur Fußgänger und Radfahrer benutzen.

Temperament auf Rädern

Doch sonst ist die sizilianische Hauptstadt ein Moloch; rund 750 000 Menschen leben hier auf ziemlich engem Raum, und Tausende von Pendlern gesellen sich tagtäglich dazu. Durch die von hohen Häusern gesäumten Straßenschluchten schiebt sich eine Blechkarawane aus Autos, Bussen und Lkws. Zwischen ihnen ringen Motorroller jedweden Fabrikats und Alters um jeden freien Zentimeter Asphalt, und das ohne jede Rücksicht auf Fußgänger. Einheimische finden das ganz normal. Fremde müssen den Umgang mit so viel Temperament auf zwei Rädern in der Regel erst noch lernen.

Symphonie aus Stein

Sobald man also die Quattro Canti erreicht hat, präsentiert Palermo sein zweites Gesicht. Auch die Piazza Duomo weiter westlich ist ein Ruhepol in der Hektik des sizilianischen Hauptstadtlebens. Palmen wiegen sich im Rhythmus einer unhörbaren Musik, die den Blendbögen, Schmuckzinnen, Mosaiken und Türmchen der Kathedrale zu entströmen scheint. Der lang gestreckte Normannenbau verkörpert sizilianische Geschichte, geronnen zu Apsiden, Loggien und Portalen: Im 6. Jahrhundert stand hier ein byzantinisches Gotteshaus, das im 9. Jahrhundert nach der Eroberung durch die Araber zu einer Moschee wurde. Im 12. Jahrhundert, als die Nordmänner die Insel erkämpft hatten, begann der Bau der Kathedrale. Die Architekten bedienten sich freizügig an Vorhandenem und bauten Islamisches in Christliches um, so die mit einer Koransure geschmückte Säule in der gotischen Vorhalle. Danach puzzelte jede neue Herrscherschicht an

Palermos ältester Markt, der Mercato della Vucciria, beginnt an der Piazza San Domenico und zieht sich von dort durch die Gassen zum Hafen hinunter. Auch wenn sein Name („vucciri" ist eine sizilianische Ableitung des französischen Wortes „boucherie", „Fleischerladen") auf das ...

Auf dem Mercato di Ballarò im alten Albergheriaviertel zwischen Piazza Carmine und Piazza Ballarò wird das Angebot nicht bloß beäugt, sondern auch beschnuppert.

... Metzgerhandwerk verweist, so gehört zum vielfältigen Warenangebot neben Fleisch doch auch viel Käse, Gemüse, Obst und Fisch.

Alles frisch: das bunte Angebot auf dem Mercato di Ballarò

Die Einkäufer der besten palermitanischen Restaurants beäugen sich misstrauisch beim Feilschen an den Ständen.

dem Gotteshaus herum. Heute ist es keine klassische, romanisch-gotische Schönheit mehr, sondern ein irritierender Stilmix – allerdings mit erhabener Ausstrahlung.

Ehrfurcht befällt manchen Besucher auch vor den vier Porphyr-Sarkophagen der normannisch-staufischen Könige. Hier ruht jener Herrscher, den man im Mittelalter als „stupor mundi" verehrte, als jemanden also, „der die Welt in Erstaunen versetzt": Friedrich II. (1194–1250), König von Sizilien, Kaiser des Römischen Reiches deutscher Nation.

Die Blume der Insel

Sein Palast wacht nur wenige Schritte entfernt auf einem Hügel über die Stadt. Die Geschichte reicht hier noch weiter zurück, bis zu den Phöniziern, die von oben das Kommen und Gehen der Handelsschiffe in ihrem Hafen beobachteten, den sie „Ziz" nannten, „Blume". Griechen, Römer, Byzantiner folgten, schließlich islamische Emire, christliche Normannen und der junge Stauferkönig Friedrich II.

Früh Waise geworden, wuchs der Stauferkönig im sizilianischen Exil auf, wo er in Europa vergessene griechische Philosophen in arabischen Übersetzungen entdeckte und Gedichte in sizilianischem Dialekt verfasste. Während sich das Stauferreich in Machtkämpfen zerrieb, lebte Friedrich, der mütterlicherseits Anspruch auf den sizilianischen Königsthron besaß, in einer multikulturellen Welt, von der man damals im überwiegend engstirnigen, mittelalterlichen Europa nur träumen konnte.

Blut und Zerstörung

Und doch war diese Welt aus Blut und Zerstörung entstanden: Im Jahr 1061 landete Roger I., einer von zehn Söhnen eines Landjunkers aus der Normandie, mit seinen Rittern auf Sizilien; 1072 zogen diese „Normannen" in Palermo ein, das damals über 300 Moscheen zählte – und sie waren nicht zimperlich im Umgang mit den Unterworfenen.

War es das süße Leben auf der sonnenverwöhnten Insel, der raffinierte Lebens-

Kirchen (ganz oben die an ihren roten Halbkugeln erkennbare Chiesa San Cataldo neben der meist „La Martorana" genannten Chiesa Santa Maria dell' Ammiraglio) und Heiligenbildchen symbolisieren den auch in Palermo nach wie vor starken Einfluss der katholischen Kirche. Aber abends beginnt die *movida* – der durchaus weltliche Zug durch die Kneipen und Restaurants.

Blick auf die Kirche Sant'Ignazio all'Olivella

> Es gibt viele Sizilien: das grüne der Johannisbrotbäume, das weiße der Salinen, das gelbe des Schwefels, das blonde des Honigs, das purpurrote der Lava …
>
> Gesualdo Bufalino

stil der Muslime, war es der Unterricht, den islamische Gelehrte Rogers Sohn gaben? Jedenfalls folgte auf die Generation beute- und bluthungriger Nordmänner ein kultivierter, besonnener Herrscher: Roger II. umgab sich mit Ratgebern, die zuvor den Emiren gedient hatten.

Man muss sich Palermo im 12. Jahrhundert als Weltstadt vorstellen, in der Juden, Christen und Muslime lebten und den Glauben der anderen tolerierten, natürlich unter der Prämisse, dass das Christentum Reichsreligion war. Diesem Anspruch setzte Roger II. im Jahr 1130 ein Denkmal: Er ordnete den Bau der Cappella Palatina im Normannenpalast an. Für sich ließ er in der mit leuchtenden Goldmosaiken überzogenen Palastkapelle einen Thron aufstellen, darüber das goldene Mosaikbild des Christus als Pantokrator.

Sizilianische Verhältnisse

Fünf rote Kuppeln, eine den Kirchturm krönend, bilden eine recht seltsame Landmarke unterhalb des Palastes: Ist San Giovanni degli Eremiti eine Moschee? Eine Kirche? Nun, wie dies in Palermo recht häufig mal vorkommt, war sie beides und zählt heute wieder zu den bedeutendsten Sehenswürdigkeiten der Stadt. Was keineswegs gesichert schien: Zwar wurde das Kleinod arabo-normannischer Baukunst jahrelang umfassend renoviert. Doch als die Arbeiten gegen Ende 2008 beendet

„Conca d'Oro" („Goldene Muschel") wird seit jeher die von mächtigen Kalkblöcken wie dem Monte Pellegrino umrahmte Ebene in der Bucht von Palermo (hier mit dem Jachthafen) genannt.

Palermos „Sommerfrische", das ehemalige Fischerdorf Mondello, liegt rund zwölf Kilometer nördlich von Palermo in einer Bucht zwischen Monte Gallo und Monte Pellegrino.

Treuer Begleiter auf allen Wegen: Rund zwei Kilometer lang sind die Sandstrände von Mondello.

„Ich glaube, im Grunde hegen wir Sizilianer immer noch eine tiefe Abneigung gegen das Meer."

Leonardo Sciascia

Im Kreuzgang von Monreale ruhen arabische Spitzbögen auf 228 Doppelsäulen.

Vor den Toren Palermos wartet vielleicht das vollkommenste normannische Meisterwerk.

Blick auf die Westfassade des Doms von Monreale: Der linke Turm des Sakralbaus blieb unvollendet.

Erhaben: Mit dem Bau von Monreale am Hang des südwestlich von Palermo gelegenen Monte Caputo wollte Wilhelm II. seinen Machtanspruch gegenüber dem Papst demonstrieren.

„Schatzkammer des Mittelalters" wird Monreale auch genannt: Vom ursprünglichen Komplex blieben allerdings „nur" der mosaikgeschmückte Dom und der Kreuzgang erhalten.

waren, blieb die Sehenswürdigkeit erst mal noch ein paar weitere Jährchen geschlossen: *chiusa*. Denn da gab es das typisch sizilianische Problem mit der *autorizzazione*! Die Behörde fand einfach „keine Zeit", den Bau abzunehmen.

Sizilianische Verhältnisse herrschen auch an der Piazza Ballarò ein paar Straßen weiter, aber im positiven Sinn: Fischgeruch liegt wie eine schwere Decke über den schäbigen Häusern. Unter all den berühmten Märkten Palermos gilt der Mercato di Ballarò als der authentischste. Und, ja: Wenn man unter „authentisch" vor allem Palermos multikulturelles Erbe versteht, dann ist der Markt nicht zu überbieten. Da verkaufen senegalesische Matronen Trockenfisch, bauen Kenianer Kochbananen zu kunstvoll geschichteten Pyramiden auf, ordnen Mauretanier Okra und Oliven appetitlich in Vitrinen an. Selbst die berühmten Fischhändler mit ihren glitzernden Bergen von Kraken, Thunfisch, Sardinen und Muscheln stammen, vorsichtig geschätzt, zumindest von der südlichen Küste des Canale di Sicilia, also aus Nordafrika.

Auch die drängelnde, begutachtende und feilschende Menge der Kunden setzt sich aus den Angehörigen vieler verschiedener Nationen zusammen. Die Einkäufer der besten palermitanischen Restaurants beäugen sich misstrauisch beim Feilschen an den Ständen – wenn der eine Cozze kauft, setzt der Konkurrent Pesce spada auf die Tageskarte. Nur eines ist sicher: Frischere Zutaten bekommen sie nirgendwo in Palermo.

Kreuzgangsgeschichten

Stop and Go: Bus 389 braucht mehr als 20 Minuten für die Strecke von der Piazza Indipendenza ins acht Kilometer entfernte Monreale, wo ein weiterer goldglänzender Dom, vielleicht das vollkommenste normannische Meisterwerk, wartet. Vor den Toren Palermos erbaute Wilhelm II. um 1180 herum Kloster und Dom – um dem Papst zu zeigen, dass das normannische Königtum weltliche wie religiöse Macht vereine. Es wurde eine

Jogger am Strand von Cefalù: Immer nur *pasta e pasticceria* macht eben keine *bella figura*. Dafür muss man(n) schon auch was tun – und wo könnte das mehr Spaß machen, als vor einer solchen Kulisse?

Einer der schönsten Normannenbauten auf ganz Sizilien ist die mächtige Kathedrale auf der von Palmen flankierten Piazza del Duomo in Cefalù.

In der Altstadt von Cefalù: „Jeder Tag, an dem du nicht lächelst, ist ein verlorener Tag" (Charlie Chaplin).

„Italien ohne Sizilien macht gar kein Bild in der Seele: hier ist erst der Schlüssel zu allem."

Johann Wolfgang von Goethe

Puppentheater **Special**

Emotion pur

Die Hauptdarsteller hängen zwar an Schnüren, kämpfen, lieben und sterben deshalb aber nicht mit weniger Leidenschaft.
Opera dei pupi ist die volkstümliche Antwort auf die klassische Oper: Ab etwa dem Jahr 1840 traten fahrende Marionettenspieler, begleitet von Drehorgelmusik, auf Siziliens Straßen auf. Gegeben wurden Geschichten aus dem Mittelalter im Seifenopernformat: Karl der Große (*Carlo Magno*), seine Ritter, der Rasende Roland (*Orlando*) und die überaus begehrenswerte Angelica erlebten Abenteuer in unendlicher Fortsetzung. Das Publikum feuerte alle begeistert an.

Fast hätte das Fernsehen den Puppenspielern den Garaus gemacht – doch einige Kompanien haben bis heute überlebt und zeigen ihre Kunst weiterhin – nicht mehr auf der Straße, sondern im Theater, auch in Palermo.

www.figlidartecuticchio.com.

eindrucksvolle Demonstration mit den Mitteln der Kunstfertigkeit, die hier verspielt mit christlicher wie islamischer Bautradition und Schmuck jongliert. So wie die mehr als 6000 Quadratmeter goldglänzender Mosaiken an den Wänden des Doms, erzählen die Figurengruppen auf den Kapitellen des klösterlichen Kreuzgangs Geschichten aus dem Alten und Neuen Testament in filigraner Steinmetzarbeit. Keine Säule gleicht der anderen; kanneliert (mit Rillen versehen), gedreht und von Mosaik bändern geschmückt recken sie sich den maurischen Spitzbögen entgegen.

Eva langweilt sich

Seit mehreren Jahren nehmen Wissenschaftler des Kunsthistorischen Instituts in Florenz in Zusammenarbeit mit internationalem Kooperationspartnern die Kapitelle dieses Kreuzgangs mit hoch auflösender Digitalfotografie auf, die auf dem Computer zu dreidimensionalen Modellen weiterentwickelt wird. Das CENOBIUM-Projekt – die Abkürzung steht für „Cultural Electronic Network Online: Binding up Interoperably Usable Multimedia" – lässt den Kreuzgang im Internet (http://cenobium.isti.cnr.it/) virtuell wiederentstehen. Dort werden auch Details sichtbar, die ansonsten selbst bei intensiver Betrachtung kaum zu erkennen wären: Evas gelangweiltes Gesicht auf dem „Genesis-Kapitell" etwa, wie sie nach dem Sündenfall Adam bei seiner mühseligen Arbeit zusieht ...

Um die Geschichte der Normannen abzuschließen: Cefalù beherrscht ein Duomo, den Roger II. – ein Gelübde erfüllend und als Grablege – erbauen ließ. Da der König vor der Vollendung starb, wurde er in Palermos Kathedrale zur letzten Ruhe getragen. Mehrmals stellte man den Bau ein, weil seine schiere Größe immer neue technische Probleme aufwarf. Richtig fertig wurde der Dom erst Ende des 15. Jahrhunderts.

Damals war Cefalù ein geschäftiger Fischerhafen, heute bringen Feriengäste, einheimische wie fremde, den erwünschten Wohlstand: Am Stadtstrand sind Sonnenliegen und Schirme, jeweils in anderen Farben gehalten, in Reih und Glied geordnet. Diskutierend oder Zeitung lesend stehen die Familienchefs oben an der Promenade und beobachten, was ihre Lieben unten am Strand und im Wasser treiben. In der Regel ist das nicht viel, denn der Sizilianerin einziges Glück scheint es zu sein, sich bis zur Hüfte ins warme Meer zu stellen, einen Blick auf die Kinder zu haben und mit Freunden zu ratschen: stundenlang.

Schwimmen? Sport? Dafür ist es doch viel zu heiß! Weshalb sich die Bewunderung für die braungebrannten, drahtigen Mountainbiker, die mit Helmen bewehrt zur Tour in die Berge aufbrechen, hier durchaus in Grenzen hält.

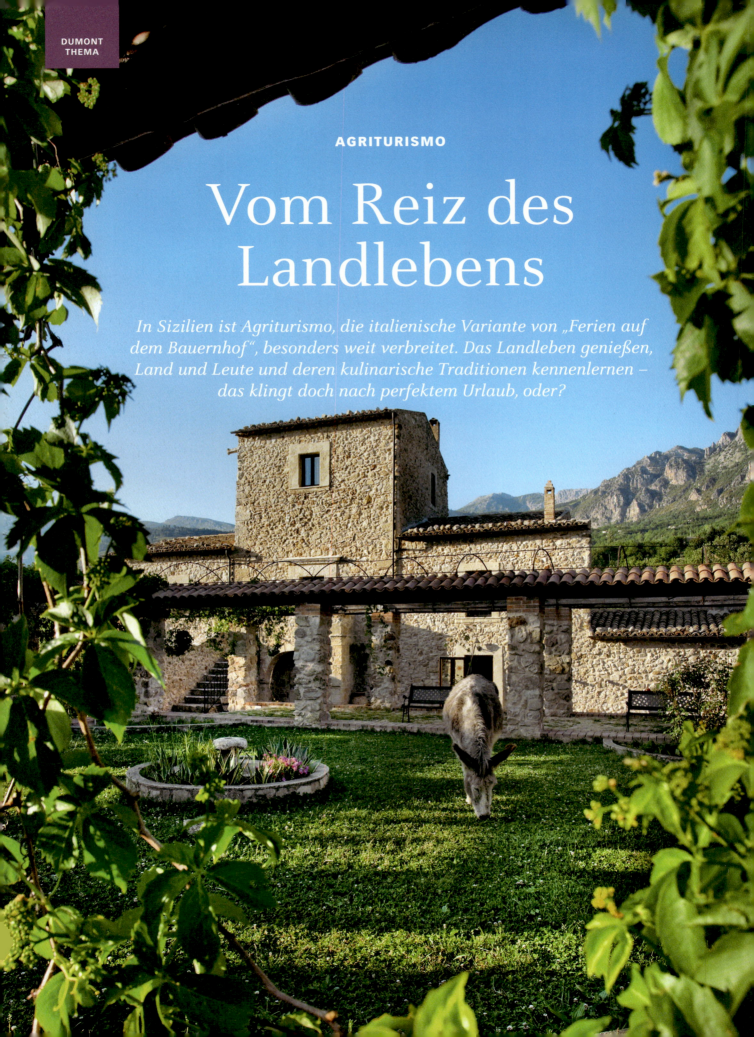

DUMONT THEMA

AGRITURISMO

Vom Reiz des Landlebens

In Sizilien ist Agriturismo, die italienische Variante von „Ferien auf dem Bauernhof", besonders weit verbreitet. Das Landleben genießen, Land und Leute und deren kulinarische Traditionen kennenlernen – das klingt doch nach perfektem Urlaub, oder?

Vincenzo melkt die Schafe (ganz oben), Luigi Frasconà ist Chef und Sommelier in einer Person.

"Fühlt euch wie zu Hause – ich komme gegen sechs zurück!", steht auf dem Zettel an der Türe des Agriturismo Donna Lavia unterhalb des Bergstädtchens Polizzi Generosa im Parco delle Madonie, einer Kalkgebirgsregion südlich von Cefalù, die sich bei Aktiv- und Individualreisenden als Wander- und Biker-Paradies großer Beliebtheit erfreut. Ganz still ist es hier vor diesem Anwesen aus dem 13. Jahrhundert, das wohl einmal ein Kloster war und in dessen ehemaligem Kreuzgang ein Esel genüsslich am Klee knabbert. Ein Fensterladen schlägt, keine Menschenseele ist zu sehen. „Entschleunigung" nennt man den Prozess, dem ein hektischer, von Sehenswürdigkeit zu Sehenswürdigkeit eilender Reisender unterworfen wird, wenn er plötzlich auf dem sizilianischen Land in einem Kreuzgang mit Esel strandet. Nach einigem nervösen Hin und Her, dem Auspacken der Koffer und einem Streifzug durchs Haus bleibt uns nichts anderes übrig, als: eben zu entschleunigen.

Im Herzen der Madonie

Karin und Luigi Frasconà kauften das Anwesen im Jahr 1998. Das junge deutsch-italienische Paar wollte es authentisch haben, mit frischer Küche aus selbst gezogenen Garten- und Wildgemüsen, selbst gekästem Ricotta, jahreszeitlich bestimmt. Donna Lavia ist ein ehemaliges Klostergut mit altem Wachtturm in einem fruchtbaren, von Kanälen durchzogenen Tal, dessen Wasserrechte nach einem rund 1500 Jahre alten, von den Arabern ersonnenen System verteilt wurden. Es liegt im Herzen der Madonie. Im Winter kann man hier sogar Ski fahren.

Kurz nach der Eröffnung kamen wir durch einen Zufall nach Donna Lavia und waren von der herzlichen Aufnahme und der Küche begeistert. Damals musste man noch lange Anfahrtswege in Kauf nehmen, um einen Agriturismo-Betrieb zu finden: Über

Trunken von Aromen und Wein, eingelullt vom nächtlichen Gesang der Zikaden freuen wir uns auf den nächsten Tag.

Frischer Frischkäse (Ricotta) aus eigener Herstellung schmeckt besonders lecker.

holprige Feldwege waren wir manches Mal ewig unterwegs, nur um am Ende festzustellen, dass der schlecht ausgeschilderte Agriturismo unauffindbar blieb. Hatte man ihn aber gefunden, dann erlebte man den rustikal-kulinarischen Himmel auf Erden, mit grünem Spargel und wildem Mangold im Frühjahr, getrockneten Tomaten und Oliven im Herbst, den einmalig aromatischen und nur hier wachsenden fagioli badda – kleinen, rundlichen Bohnen –, mit Wildkräutern gewürzten Lammfilets, einer sämigen Minestrone und feinem Landwein …

Idealisten & Co.

Rund 300 Agriturismo-Betriebe gibt es mittlerweile auf Sizilien, und sie unterscheiden sich deutlich: Da gibt es jene, die ein paar einfache Zimmer in ihrem Landhaus vermieten, ein Frühstück servieren, mit den Gästen sonst aber nichts am Hut haben. Dann die Idealisten mit dem ganzheitlichen Konzept, die etwas von ihrem und dem sizilianischen Alltag vermitteln möchten. Und die Kategorie der Luxus-Landgüter mit Pool, Tennisplatz, antiken Möbeln, eleganten Salons und Feinschmeckerrestaurants, die zusehends größer wird. Wie also auswählen? Die meisten Betriebe sind gut im Internet präsentiert und werden über die Dachorganisation Agriturismo Sicilia vermarktet.

Auf Donna Lavia ist's nun vorbei mit der Ruhe: Luigi ist untröstlich, uns nicht persönlich empfangen zu haben, aber er musste die Schafe scheren. Inzwischen ist auch der Koch eingetroffen, und Karin kommt braungebrannt von einem Ausflug ans Meer zurück, den sie mit anderen Gästen unternommen hat. Beim Abendessen in dem gemütlichen Restaurant mit seinen rustikalen Holztischen und den unverputzten Steinwänden wird bei köstlicher Caponata viel gequasselt und viel gelacht. Danach, unter dem kühlen Gebirgshimmel der Madonie, verkosten wir noch eine Runde Grappa.

Agriturismo-Betriebe

Zentrale Buchungsstelle: www.agriturismosicilia.it

Donna Lavia, Contrada Donna Laura (von Polizzi Generosa 5 km auf der SS 643 Richtung Collesano), Tel. 092 15 51 104, www.giardinodonnalavia.com

Agriturismo Tenuta Gangivecchio, Contrada Gangi Vecchio, Gangi, Tel. 092 16 02 147, www.gangivecchio.org

Camillo Finazzo, C. da Baida Molinazzo, Balata di Baida, 9 km von Scopello in den Hügeln, Tel. 092 43 80 51, www.agriturismofinazzo.it

Don Mauro, C. da Cugno di Canne, Tel. 09 31 94 10 25, www.donmauro.com

Torre Salsa, Siculiana, Monte Allegro bei Eraclea Minoa, Tel. 092 284 70 74, www.torresalsa.it

Terrenia, Via C. da Filomena, Frazione Trapitello/Taormina, Tel. 094 25 29 49, www.agriturismoterrenia.it

Auch die Artischocke hat ein Herz:
Vorspeisenteller à la Donna Lavia

INFOS & EMPFEHLUNGEN

PALERMO UND DER NORDWESTEN

Normannenkunst und Naturidyll

Eine geradezu schmerzhafte Intensität ist in Palermo zu spüren, als müssten die Menschen hier jeden Tag mit voller Kraft leben. Erholsamen Kontrast dazu bieten das entspannte Cefalù mit seinen herrlichen Stränden, das Taucherdorado Ustica und die Madonie, ein Wanderparadies par excellence.

❶ – ⓬ Palermo

Lange eilte ❶ **Palermo TOPZIEL**, der sizilianischen Hauptstadt, der Ruf voraus, ein Hort von Mafia-Willkür und Kriminalität zu sein. Heute hat die Stadt sich verändert; viel Geld fließt in Kultur- und Aufbauprogramme, bürgerliches Engagement unterstützt den Bürgermeister Leoluca Orlando in seinem Bestreben, die Stadt der Mafia zu entreißen.

SEHENSWERT/MUSEEN

Die Kreuzung der beiden Hauptachsen Via Maqueda und Via Vittorio Emanuele, die ❷ **Piazza Quattro Canti**, ist ein guter Orientierungs- und Ausgangspunkt für die Stadtbesichtigung. Das 1608–1620 von Giulio Lasso erbaute Ensemble dreier Palazzi und einer Kirche, deren dem Platz zugewandten Ecken konkav gewölbt und mit Skulpturen geschmückt sind, waren im

Einstürzende Altbauten – auch das ist Palermo (oben links). Rechts oben: Stillleben mit Vespa. Rechts unten: Gemüsestand auf dem Mercato di Ballarò

Tipp

Im Lustschloss

Wie eng arabische und normannische Architektur und Kultur verflochten waren, enthüllt ein Abstecher zum Lustschloss ❻ **La Zisa**, das unter Wilhelm I. und II. 1165–1180 erbaut wurde. Hier folgt alles – Garten, Wasserspiele, Dekoration mit Muqqarna-Gewölbe und Mosaiken – nordafrikanischer Tradition. Das darin untergebrachte Islamische Museum zeigt sehenswerte Exponate wie den Grabstein von Anna, Mutter des Priesters Grisanto, der 1148 in Hebräisch, Latein, Griechisch und Arabisch beschriftet wurde. Auch ein Blick auf das zentrale Mosaik der Halle ist lohnenswert: Darauf sind Männer in orientalischer Tracht – mit strohblonden Haaren – abgebildet.

INFORMATION
Piazza Guglielmo il Buono,
Bus 110, tgl. 9.00–18.30 Uhr

17. Jh. ein imposantes Entrée auf dem Weg vom Normannenpalast zum Hafen. Wenige Schritte nach Osten rahmen gleich drei Kirchen die ❸ **Piazza Bellini**: die barocke Chiesa di Santa Caterina und die beiden normannischen Gotteshäuser **La Martorana** und **San Cataldo**. Die 1143 gestiftete **La Martorana** lässt mit ihrem schlichten, arabo-normannischen Äußeren den Mosaikenzauber im Inneren nicht vermuten. Die um 1150 entstandenen Goldmosaiken gelten als die ältesten Siziliens (Mo.–Sa. 9.30–13.00, 15.00–17.30, So. 9.00–10.30 Uhr). **San Cataldo** gleich nebenan ist etwas jünger (1154) und verrät mit Spitzbogenfenstern, drei roten Kuppeln und einem Ziergesims auf dem Dach den arabischen Einfluss. Im Inneren ist die Kirche völlig schmucklos (tgl. 9.30–12.30, 15.00–18.00 Uhr). Ein Durchgang führt zur benachbarten **Piazza Pretoria** mit dem 12 m hohen Brunnen **Fontana Pretoria** (16. Jh.). 1170 ließ der aus England stammende Erzbischof von Palermo, Walter of the Mill, den Grundstein für die ❹ **Kathedrale** legen, um seinen und des Papstes Machtanspruch zu untermauern. Ein beeindruckendes Entrée schafft die im 15. Jh. angebaute Vorhalle in katalanischer Gotik. Innen präsentiert sich die Kathedrale klassizistisch-schlicht. Hauptanziehungspunkt der Gläubigen ist die Kapelle der Schutzpatronin von Palermo, der hl. Rosalia. Ihr silberner Reliquienschrein wird am Festtag der Heiligen am 4. September durch die Straßen der Stadt getragen (Mo.–Sa. 7.00–19.00, So. 8.00–13.00, 16.00–19.00 Uhr). Die vier Staufergräber von Roger II., Heinrich VI., dessen Gattin Konstanze und deren Sohn Friedrich II. sind aus rotem Porphyr gearbeitet. Die kostbaren Grabbeilagen können im Domschatzmuseum in der Kathedrale besichtigt werden (Gräber u. Domschatz Mo.–Sa. 9.30–13.30, So. nur Königsgräber 9.00 bis 13.00 Uhr). Der ❺ **Normannenpalast** ist heute Sitz des Regionalparlaments; deshalb sind die königlichen Zimmer, Appartamenti Reali, nicht immer zu-

INFOS & EMPFEHLUNGEN

gänglich. Zunächst betritt man durch einen quadratischen Innenhof und eine Treppe die unter Roger II. ab 1130 erbaute **Cappella Palatina**. 1140 wurde sie geweiht, die Vollendung der Mosaiken zog sich weitere drei Jahre hin. Entstanden ist ein goldglänzendes Schatzkästchen, das Geschichten aus dem Alten und dem Neuen Testament erzählt. Die Mosaikenflut setzt sich in den Privatgemächern, den Appartamenti Reali, fort. Motive im Roger-Saal sind die Jagd und das Wild (Mo.–Sa. 8.15–17.40, So. 8.15–13.00 Uhr). Kirche und Kloster **San Giovanni degli Eremiti** wurden ebenfalls auf Geheiß Rogers II. etwas unterhalb des Palastes errichtet. Fünf rote Kuppeln weisen auf arabischen Einfluss hin, im Inneren ist das Gotteshaus schlicht und streng geometrischem Formenkanon untergeordnet. Hübsch ist der Kreuzgang des Klosters, getragen von marmornen Zwillingssäulen und üppig mit Grün bepflanzt (Mo.–Sa. 9.00–18.30, So. 9.00–13.00 Uhr). **La Kalsa**, das Stadtgebiet zwischen dem alten Hafenbecken La Kalsa und der Via Abramo Lincoln, wurde von den Arabern erbaut und ist eines der ältesten aber auch ärmsten Viertel Palermos. Unbedingt besuchenswert sind hier zwei Museen: Das ❼ **Marionettenmuseum** an der Piazzetta Pasqualino wirft einen bunten, anregenden Blick auf die sizilianische Tradition des Puppenspiels (Mo.–Sa. 9.00–13.00, 14.30–18.30, So. 10.00–13.00, Juni bis Sept. 11.00–18.00 Uhr, im Aug. geschl.). Die ❽ **Galleria Regionale della Sicilia** im 1490 erbauten Palazzo Abbatellis zeigt Meisterwerke sizilianischer und flämischer Malerei. Sehenswert ist auch die der islamischen Keramik gewidmete Abteilung (Di.–Fr. 9.00–19.00, Sa., So. 9.00–13.30 Uhr). Als Kulturzentrum dient heute die gotische **Chiesa Santa Maria dello Spasimo**: Ausstellungen, Konzerte und Jazz-Sessions finden im säkularisierten Bau statt (Via dello Spasimo, Di.–So. 9.30–18.30 Uhr). Eine etwas unterhalb des Straßenniveaus der Via Roma gelegene Piazza ist Mittelpunkt des ❾ **Mercato della Vucciria**, dessen Stände die schmalen, wegführenden Gassen nahezu verstopfen. Besonders in den Morgenstunden ist hier originales, lebhaftes Markttreiben zu beobachten. An Grillständen brutzelt der Sizilianer liebster Imbiss, meusa (Milz), um zwischen Brotscheiben geklemmt gleich auf der Straße gegessen zu werden, die vielen Trattorie im Markt empfehlen sich für eine einfache Mittagsmahlzeit. Das ❿ **Archäologische Museum** im Kloster San Filippo Neri an der Piazza Olivella zählt zu den bedeutendsten archäologischen Sammlungen Europas. Allein die im Saal von Selinunt ausgestellten Metopen, auf denen Szenen der griechischen Mythologie dargestellt sind, lohnen den Besuch (derzeit geschl., Wiedereröffnung voraussichtlich 2016). Giovanni Battista Basile und sein Sohn Ernesto arbeiteten von 1875 bis 1897 an dem 3200 Besucher fassenden ⓫ **Teatro Massimo**, dem Opernhaus an der Piazza Verdi (tgl. 9.30–18.00 Uhr). Eine makabre Sehenswürdigkeit: Rund 8000 zwischen 17. und 19. Jh. mumifizierte Tote wurden im ⓬ **Convento dei Cappuccini**, den Katakomben

Im Uhrzeigersinn von oben links: Kreuzgang des Doms von Monreale, Blick auf auf das Bergstädtchen Corleone, im Teatro Massimo

des Klosters, beigesetzt (Via Capuccini 1, Bus Nr. 327, tgl. 9.00–12.30, 15.00–17.30 Uhr, Nov.–März So. Nachmittag geschl.).

SHOPPING
Eine bezaubernde Einkaufsstraße ist die **Via Bara all'Olivella**, in der ein Marionettentheater seinen Sitz zwischen schrägen Hutläden und Kunstgalerien hat (Figli d'Arte Cuticchio, Via Bara all'Olivella 95, Tel. 09 13 23 40 0, www.figlidartecuticchio.com). Drei Märkte sollte man unbedingt besuchen: Fisch, Fleisch und Lebensmittel gibt's in der **Vucciria** und in **Ballarò** TOPZIEL, in letzterem mit deutlich afrikanischem Einschlag. Auf dem **Capo-Markt** findet man in erster Linie Kleidung und Textilien aus asiatischer Produktion.

NIGHTLIFE
La Champagneria del Massimo, Via Salvatore Spiuzza 59, Tel. 09 13 35 73 0, www.lachampagneriadelmassimo.it, Mo.–Sa. bis spät in die Nacht. Nahe dem Teatro Massimo treffen sich Feierwütige zu erfrischenden Cocktails.
Kursaal Kalhesa, Foro Umberto I. 21, Tel. 09 16 15 00 50, www.facebook.com/kursaalkalhesa. Unter den Gewölben der Befestigungen an der Uferpromenade trifft man sich abends zum Essen, zu späterer Stunde auf ein Glas Wein oder einen Cocktail – und zum Tanzen in der angeschlossenen Diskothek.

RESTAURANTS
€ € € **Ristorante/Pizzeria Bellini**, Piazza Bellini 6, Tel. 09 16 16 56 91. Bei schönem Wetter abends unbedingt zu empfehlen, denn die Atmosphäre auf der Piazza, eingerahmt von Kirchen, ist absolut entspannt.
€ € **Trattoria Ferro di Cavallo**, Via Venezia 20, Tel. 09 13 31 83 5, So. geschl. Der kleine Familienbetrieb ist gut besucht und stets hektisch; das preisgünstige Essen schmeckt.
€ € **Antica Focacceria San Francisco**, Via Alessandro Paternostro 58, Tel. 09 13 20 26 4, www.afsf.it. Typische palmeritanische Gerichte auf sehr hohem Niveau.

UNTERKUNFT
€ € € € **Quintocanto Hotel & Spa**, Corso Vittorio Emanuele 310, Tel. 09 15 84 91 3, www.quintocantohotel.com. Design-Hotel in einem Palast aus dem 16. Jh. an den Quattro Canti, mit Spa, Bibliothek, Bar, Wifi und Restaurant.

€ € € **Central Palace Hotel**, Corso Vittorio Emanuele 327, Tel. 09 18 53 9, www.centralepalacehotel.com. Das zentral an den Quattro Canti gelegene Hotel besitzt eine angenehme Bar-Terrasse mit Blick über die Stadt.

INFORMATION
Palermo Centro, Info Point Bellini, Piazza Bellini, Tel. 09 17 40 80 21
Mo.–Sa. 8.30–18.30 Uhr
Weitere Info Points beim Politeama-Theater, am Yachthafen und am Hafen, http://turismo.comune.palermo.it

⓭ Monreale

Anlass für den Bau des Klosters und des Doms vor den Toren Palermos war der Machtkampf zwischen König Wilhelm II. und dem Erzbischof von Palermo als Vertreter des Papstes. Wilhelm schuf sich mit dem **Monreale** TOPZIEL, dem königlichen Berg, einen eigenen Bischofssitz.

SEHENSWERT
1185 war der **Dom** (Mo.–Sa. 8.30–12.45, 15.30 bis 17.00, So. 8.00–10.00, 15.30–17.00 Uhr) vollendet. Bereits das riesige, mit Szenen aus der biblischen Geschichte geschmückte Westportal aus Bronze demonstriert den königlichen Anspruch (Bonnano Pisano). Im Sanktuarium wird dieser durch die Anordnung des Königsthrons erhöht über dem Sitz des Bischofs untermauert. Überwältigend ist die Wirkung der vollständig mit Mosaiken überzogenen Wände. Viele darauf dargestellten Motive finden sich an den Kapitellen des Kreuzgangs in winzigen Steinmetzskulpturen wieder. Der **Kreuzgang** (Mo.–Sa. 9.00–19.00, So. 9.00 bis 13.30 Uhr) ist ein Hort des Friedens und des Kunstgenusses.

⑭ Corleone

Rund 50 km auf kurvenreicher Straße sind es nach Corleone, das durch seine Mafiavergangenheit (und -gegenwart) Schlagzeilen machte.

SEHENSWERT/MUSEUM
An einen Felssporn geduckt bietet Corleone neben dem Gruseln sich in einer Mafiahochburg zu befinden an. **Museo Anti-Mafia** (Via G. Valenti 7, Centrale di Cultura Polivalente, Tel. 09 18 45 24 29 5, www.cidma corleone.it, Mo. bis Sa. 10.00–13.00, 15.00–18.00 Uhr).

⑮ Ustica

Die 36 Seemeilen von der Küste entfernte Insel gilt mit ihren Felsgrotten als Taucherparadies. Fähren und Aliscafi von Siremar (www.siremar.it) verbinden die Insel mit Palermo. An der Punta Gavazzi können Taucher bei einem archäologischen Tauchgang römische Amphoren und antike Anker erforschen.

RESTAURANT/UNTERKUNFT
Leckere Fischküche wird auf der Terrasse des € € **Ristorante da Umberto** (Piazza della Vittoria 7, Tel. 09 18 44 95 42) serviert. Übernachten kann man in den komfortablen Appartements des Residenzhotels € € € **Stella Marina** (Via Cristoforo Colombo 35, Tel. 09 18 44 81 21, www.stellamarin austica.it).

⑯ Cefalù

Die Götter haben **Cefalù TOPZIEL** mit einer außergewöhnlich schönen Lage am Fuß der 270 m hohen Rocca di Cefalù und am Rande einer weiten Sandbucht beschenkt.

SEHENSWERT/MUSEUM
Erst 1267 konnte der **Dom** (tgl. 8.30–13.00, 15.30–17.00 Uhr) geweiht werden, da war sein Begründer König Roger II. bereits über 100 Jahre tot und entgegen seinem Willen in der Kathedrale von Palermo zur letzten Ruhe gebettet. Zur Besichtigung steht im **Museo Mandralisca** die Privatsammlung des namengebenden Barons; das Spektrum reicht von griechischen Vasen bis zu sizilianischen und flämischen Gemälden des 15./16. Jh. (Juni, Juli, Sept. 9.00–19.00, Aug. 9.00–23.00, sonst 9.00 bis 13.00, 15.00–19.00 Uhr).

RESTAURANT/UNTERKUNFT
€ € **Il Carretto**, Via Mandralisca 66, Tel. 39 34 29 55 43. Eine schmale Gasse, ein paar Tische, darauf einfaches, aber frisch zubereitetes sizilianisches Essen und Landwein.
€ € € **Kalura**, Via Vincenzo Cavallaro 13, Tel. 09 21 42 13 54, www.hotel-kalura.com. Die Lage auf Felsen über dem Meer ist atemberaubend, großer Pool, modern eingerichtete Zimmer.

INFORMATION
AAST, Corso Ruggiero 77, Tel. 0921421050, www.cefalu.it

Genießen   Erleben   Erfahren

Der höchste Berg der Madonie

DuMont Aktiv

Mit sechs Gipfeln um 1900 Meter Höhe versammelt der Gebirgszug der Madonie die höchsten Berge Siziliens nach dem Ätna. Gut markierte Wanderwege führen durch diese herrliche Gebirgslandschaft, einer davon zum Beispiel in zwei Stunden auf den 1979 Meter hohen Pizzo Carbonara mit Blick bis zum Ätna.

Das Gebirge der ⑰ Madonie mit seinen zerfurchten Kalksteingipfeln und Mischwäldern aus Eichen, Stechpalmen und Nebrodi-Tannen ist mit dem Auto nur etwa 30 Minuten von den Küstenorten entfernt. Wanderer finden hier eine Vielzahl von Touren aller Schwierigkeitsgrade: Eine führt von der Hochebene Piano Battaglia auf den höchsten Gipfel Pizzo Carbonara.

Vom Parkplatz etwa 200 Meter östlich der Jugendherberge (Rifugio Merlini) geht man einige Meter entlang der Schotterstraße und biegt dann links auf einen Pfad ab, der in Richtung Monte Ferro durch Weideland und einen Buchenwald bergauf führt. Dahinter wendet sich die Route links und zu einem Bergsattel und durch ein weiteres Wäldchen und unterhalb des Pizzo Antenna (1977 Meter) entlang nach Nordwesten. Die typischen Karstformationen der Dolinen, weite, talähnliche Einbrüche im Kalkstein, geben gute Weiden ab. Oberhalb einer solchen Doline klettert der Pfad nun auf den Gipfel des Carbonara zu. Nach rund zwei Stunden öffnet sich den Wanderern ein fantastisches Panorama über das an den regenreichen Nordhängen bewaldete, nach Süden zu karge Madonie-Gebirge bis hin zum Ätna. Auf dem gleichen Weg geht es dann wieder zurück zur Hochebene Piano Battaglia.

Weggefährten im Parco delle Madonie

Weitere Informationen

Ente Parco delle Madonie
Cefalù, Corso Ruggero 116,
Tel. 09 21 92 32 70,
www.parcodellemadonie.it

Das Büro der Nationalparkverwaltung liegt schräg gegenüber der Touristeninformation. Hier gibt es die Wanderkarte der Madonie zu kaufen; zudem bekommt man hier gute Tipps für Wanderungen.

Ente Parco delle Madonie
Corso Paolo Agliata 16,
Petralia Sottana,
Tel. 09 21 68 4011,
www.parcodellemadonie.it

Auch hier gibt's Karten und Tipps.

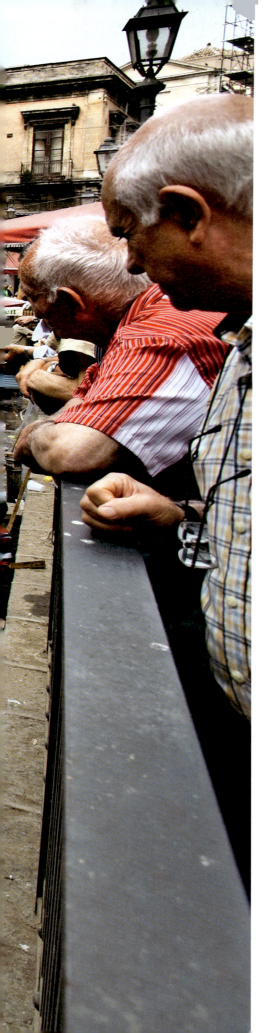

CATANIA UND DER NORDOSTEN

Die schwarzen Töchter des Vulkans

Unterschiedlicher könnten sie nicht sein: Catania, Sitz der ältesten Universität Siziliens und moderne Schwester des traditionelleren Palermo, das romantische Taormina und das von Hafen und Industrie geprägte Messina. Dazwischen liegt eine der reizvollsten Küsten Siziliens, und über alle wacht der mächtige Kegel des Ätna.

Fischmarkt in Catania: Wie auf einer offenen Bühne inszenieren die Händler hier ein merkantiles Schauspiel der Lebenslust.

Die Fontana dell'Amenano in Catania wurde im Jahr 1867 von Tito Angelini errichtet.

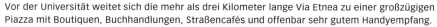
Vor der Universität weitet sich die mehr als drei Kilometer lange Via Etnea zu einer großzügigen Piazza mit Boutiquen, Buchhandlungen, Straßencafés und offenbar sehr gutem Handyempfang.

Die im Jahr 1736 errichtete Fontana dell'Elefante auf der Piazza del Duomo schmückt ein aus Lavagestein gefertigter kleiner Elefant mit einem antiken Obelisken auf seinem Rücken.

CATANIA UND DER NORDOSTEN

"Noch schöner erstehe ich aus der Asche" (Melior de cinere surgo") lautet Catanias Wahlspruch, der zugleich das Programm dieser zukunftsorientierten Stadt ist. Als die Katastrophen gegen Ende des 17. Jahrhunderts kein Ende nehmen wollten, Lava und Erdbeben die Stadt dem Erdboden gleichmachten, gaben die Catanier nicht auf. Der Barockbaumeister Giovanni Battista Vaccarini errichtete Catania in der ersten Hälfte des 18. Jahrhunderts neu. Die barocke Stadtanlage und zahlreiche Bauten bis hin zum berühmten Elefantenbrunnen sind ihm zu danken. Auch Catanias Ruf als „Città Nera", als „schwarze Stadt". Denn Vaccarini griff auf Baumaterial zurück, das im Umkreis des Ätna in großen Mengen vorhanden war: auf Basalt.

Stadt aus Lava

Wie die meisten Vulkane war und ist der Ätna Geschenk und Strafe zugleich. Die fruchtbare Lavaerde an seinen Hängen verführte die Menschen schon in der Antike dazu, ihre Gärten immer höher zu pflanzen, und seit dem ersten historisch fassbaren Ausbruch 475 v. Chr. hat der Ätna es immer wieder verstanden, die Winzlinge ordentlich zu erschrecken. Catania erlebte seine zerstörerische Macht bei einer Serie von Ausbrüchen zwischen dem 8. März und dem 11. Juli 1669. Die

Er strahlt, sie fährt: Schwarz wie Lava ist auch diese Vespa auf der Via Etnea, der auf der Piazza del Duomo beginnenden und in Nord-Süd-Richtung durch ganz Catania führenden Hauptstraße.

Der Ätna ist für die Sizilien Geschenk und Strafe zugleich.

Lava umfloss das Castello Ursino, erstarrte und beraubte die Hafenfestung ihres Zugangs zum Meer. Heute steht die Stauferburg mitten in der Stadt, die mit ihrer lebhaften Studentenszene, den vielen Märkten, Restaurants und Kneipen die dunkle Stimmung der Lavafassaden rasch vergessen lässt. Ein paar Muscheln als Aperitiv in der *pescheria* schnell aus der Hand geschlürft, dazu ein *seltz e limone*, ein Sodawasser mit Limone, wahlweise mit

Süße Sünden, eisgekühlt: in einem Eiscafé an der Via Etnea (rechts). Unten: Armani trifft Brasiliens Nummer zehn auf dem Fischmarkt, der pescheria, in Catania – der Deal ist perfekt!

Heute im Angebot auf dem Fischmarkt in Catania: Schwertfisch, *pesce spada*. Der feinste und teuerste Mittelmeerfisch schmeckt gegrillt am besten. Mit guten Zutaten – Olivenöl, Weißwein, Zwiebeln, Lorbeerblättern, Salz, Pfeffer, Oregano, Zitrone – wird ein Festessen daraus.

> Das Meer zu lieben ist gar nicht so einfach, wenn es die einzige Einkommensquelle der Menschen darstellt.

oder ohne Salz, und der Abend à la Catania kann beginnen!

Fischen und Umweltschutz

Vor dem Ferienhaus mit dem hübschen Namen „Casa Anemone" plätschert das Meer an den Kiesstrand. Drei Männer mit von Sonne und Wasser gegerbter Haut beladen in der Dämmerung ein Boot mit Angeln und Kerosinlampen. Die deutschen Urlauber, die das Ferienhaus gemietet haben, sehen ihnen gespannt zu. Dank der Öko-Tourismusinitiative „Il mare d'amare" dürfen sie heute die Fischer von San Gregorio bei der Arbeit begleiten.

Die Männer von San Gregorio an der Ostküste des Capo d'Orlando hatten ein wirtschaftliches Problem – die überfischten Gewässer. „Il mare d'amare" – das Meer zu lieben ist gar nicht so einfach, wenn es die einzige Einkommensquelle darstellt. In San Gregorio aber zählte man Tourismus und Fischfang zusammen, fügte eine Prise Authentizität dazu und hatte bald darauf zusammen mit der Umweltschutzorganisation Legambiente Nebrodi ein Projekt geboren: Die Feriengäste wohnen in San Gregorio in einfachen ehemaligen Fischerhäusern, nehmen an den Ausfahrten teil und erleben, wie man mit traditionellen Techniken tagsüber *pettine*, Jakobsmuscheln, und nachts Tintenfische fängt. So wie nun auch die Mieter der Casa Anemone.

Stille Reise in die Nacht

Auf dem Meer ist es stockdunkel, als die Männer ihre Lampen entzünden. Wenige

Ein Besuch des Griechischen Theaters in Taormina mit dem weiß gekrönten Ätna als natürlicher Kulisse gehört zum Pflichtprogramm des Sizilienreisenden, ist aber mehr als das: ein wirklich beeindruckendes Erlebnis.

Auf der Piazza IX. Aprile in Taormina: Hier beginnt der älteste Teil der hoch auf einer Felsenterrasse über dem Ionischen Meer gelegenen Stadt.

Minuten später nähert sich der erste Fisch dem Licht. Er kann dem wie eine Garnele geformten Köder einfach nicht widerstehen. Zwei Kollegen folgen ihm auf Krakenarmlänge, schnappen ebenfalls zu und landen im Boot. Wenn die Fischer von San Gregorio gegen zwei Uhr morgens heimkehren, haben sie zufriedene Feriengäste und einen kleinen, dafür aber ökosystemverträglichen Fang im Boot. Und die Trattoria da Matteo setzt dann also heute auch gleich noch Tintenfisch auf die Tageskarte.

Naxos und Taormina: Von Sehnsüchten umwoben

Naxos, zu Füßen des 225 Meter hohen Bergsporns gelegen, auf dem sich Taormina in all seiner gut vermarkteten Schönheit spreizt, kommt die Ehre zu, die älteste griechische Siedlung auf Sizilien zu sein. Im Jahr 735 v.Chr. gingen hier Kolonisten aus Chalkis an Land. Nur wenige Spuren sind geblieben zwischen Hotels, Restaurants und Stränden des Badeortes Giardini Naxos.

Eine Seilbahn schwebt vom Lido hinauf in das von so vielen Sehnsüchten und Träumen umwobene Taormina, dessen unbestrittener Charme sich gegen eine wahre Sturzflut an Plastiksouvenirs behaupten muss. Was nicht heißt, dass Taormina nicht sehenswert wäre: Einmal die *passeggiata* durch die Stadt zu laufen, vorbei an den elegant restaurierten Jugendstilfassaden; unter Oleanderbäumen an der Piazza IX. Aprile zu rasten; das griechisch-römische Theater zu betreten und zu stocken, weil man sich trotz aller Ankündigungen eine so schöne Landschaftskulisse nicht vorstellen konnte – für das alles ist Taormina gut und noch für viel mehr.

Der deutsche Landschaftsmaler Otto Geleng war im Jahr 1863 einer der ersten, die Taorminas Schönheit verfielen und sich hier niederließen. In den Jahren 1872 bis 1882 war Gelang sogar Bürgermeister der Stadt. Eng mit ihm befreundet war sein Landmann Wilhelm von Gloeden, der sich gern als Baron aus-

Auch Taormina hat eine Piazza del Duomo – und den dazugehörigen Dom: San Nicola, im 13. Jh. von den Staufern begründet.

Der Bauch des Schiffes scheint unersättlich zu sein: Fährhafen in Messina, der drittgrößten Stadt der Insel.

Strandleben bei Taormina: Man könnte sich direkt daran gewöhnen, hier die Seele baumeln zu lassen …

Gola d'Alcantara (bei Taormina): Große Schluchten für kleine Fluchten (vom Alltag)

Giardini Naxos: „Nirgends in Sizilien lässt sich weniger Vergangenheit entdecken und zugleich mehr Ehrfurcht empfinden als hier …" (Dagmar Nick)

Goethe hatte Recht: Unendlich schön ist es zu beobachten, wie „diese in allen Punkten bedeutende Gegend" nach und nach in Finsternis versinkt.

gab und sein Leben mit Aktfotos sizilianischer Knaben verdiente, die in Europa gutes Geld brachten. Gloeden, der sich 1876 zunächst aus klimatischen Gründen (wegen eines schweren Lungenleidens) in Taormina niederließ und dann bis an sein Lebensende dort blieb, wurde mit seinen Aufnahmen mehr oder minder nackter Knaben so berühmt, dass prominente Zeitgenossen wie Oscar Wilde, Richard Strauss und sogar Kaiser Wilhelm II. die Stadt aufsuchten, um ihn zu treffen.

Messina und der Stretto

Dort, wo Skylla und Charybdis, die beiden Meeresungeheuer der griechischen Mythologie, Odysseus' Schiff und Mannen zu verschlingen drohten, spielt sich seit dem Jahr 1971 ein seltsames Drama ab, dessen Wendungen mit den politischen Strömungsverhältnissen in Italien korrelieren. Damals wurde der Bau einer Hängebrücke über den Stretto di Messina, die Meerenge zwischen dem sizilianischen Messina und Reggio di Calabria auf dem italienischen Festland, beschlossen und bis 2012 so oft im Wechsel fallengelassen und erneut aufgenommen, wie die Regierungen sich die Klinke in die Hand gaben. Das endgültige politischen Aus für die 40 Jahre lang umstrittene Idee, in einer erdbebengefährdeten Zone eine 3300 m lange und 376 m hohe Brücke zu errichten, besiegelte schließlich der Mailänder Wirtschaftsprofessor Mario Monti, indem er 2013 – eine seiner letzten Amtshandlungen als Premierminister – deren Finanzierung strich, um nicht gegen Sparauflagen Brüssels zu verstoßen.

Sizilien: »die Dreizackige«

Um den Stretto besser kontrollieren zu können, wurde einst das heutige Messina – als „Zankle" eine der ältesten griechischen Kolonien Siziliens – gegründet. Der gesamte Nordostzacken „Trinacrias", des von den Griechen „die Dreizackige" genannten Siziliens, war Zankle untertan. Glück bescherte das nicht: Die Liste der Kriege und Angreifer ist lang – besonders Karthago kämpfte verbissen um die Meerenge. Ebenso lang ist die Liste der Katastrophen, ausgelöst durch Epidemien, Erdbeben, Überschwemmungen und im Jahr 1943 die Luftangriffe der Alliierten. So erklärt sich, dass von der Originalsubstanz des 1197 geweihten Normannendoms an der Piazza Duomo nicht allzu viel erhalten ist. Im Jahr 1908 wurde er nach dem Erdbeben mit originalen wie mit neuen Teilen wieder aufgebaut; 1933 erhielt er seine auffällige mechanische Uhr, die von Straßburger Meistern angefertigt wurde. Goldglänzende Figuren dieser Uhr führen mittags Szenen aus Messinas Geschichte auf.

DUMONT THEMA

ÄTNA

Der grollende Feuergott

In der Antike vermuteten die Menschen im über 3300 Meter hohen Ätna den Sitz des Schmiedegottes Hephaistos, dessen Zyklopen das Feuer schürten und das Eisen schmiedeten. Der Vulkan steht für zerstörerische Kraft und üppige Fruchtbarkeit. Obwohl die Menschen seine Unberechenbarkeit fürchten, scheinen sie von dem Feuergott geradezu magisch angezogen zu sein.

Immer ein spektakuläres Naturschauspiel: Lavaeruption des Ätna im Mai 2015

Zu den vielen Legenden rund um den Ätna gehört die Geschichte des Philosophen Empedokles, der sich nach einem Trinkgelage in den Krater des Vulkans geworfen haben soll: Nur die Sandale des Philosophen erwies sich als unverdaulich, weshalb der Ätna sie wieder ausgespuckt und damit den Keim für diese Legende gelegt haben soll.

Damals, um das Jahr 400 v. Chr., sah die Gipfelregion noch etwas anders aus als heute: Anstelle des heutigen Zentralkraters öffnete ein Trichter seinen feurigen Schlund, der sich beim großen Ausbruch 1669 selbst auseinandersprengte. Aus dem mit Lavabruch und Asche aufgefüllten Ex-Krater bildete sich die Hochebene Piano del Lago, wo sich ein neuer Feuerspucker, der heutige Vulkangipfel, seinen Weg nach oben bahnte. Bis zum Beginn des 21. Jahrhunderts erreichte er am Gipfelfuß einen Umfang von 1000 Metern, einen Kraterumfang von 500 Metern und stolze 400 Meter Höhe über dem Piano del Lago. Im Jahr 1911 kam ein weiterer Kegel im Nordosten hinzu, ab 1968 spie dann direkt neben dem Hauptkrater ein „neuer Schlund" („Bocca Nuova"); 1979 entwickelte sich aus einer Spalte an der Südwestflanke ein neuer Kegel, der nun 300 Meter hoch ist. Das ist übrigens eine Spezialität des Ätnas: Die heftigsten Ausbrüche finden an Spalten statt, die seine Flanken aufreißen.

Wird die Gefahr unterschätzt?

Unter dem Vulkan vermuten Wissenschaftler drei Magmakammern: eine in 30 Kilometer Tiefe, eine zweite bei rund 20 Kilometer – die dritte dürfte ziemlich genau dort zu finden sein, wo die vulkanische Struktur dem Grundgebirge aufsitzt, in etwa drei Kilometer Tiefe. Tatsächlich fürchten die Vulkanforscher aber weniger seine Ausbrüche als ein Ereignis, das vor 8000 Jahren schon einmal stattfand und einen verheerenden Tsunami im östlichen Mittelmeer auslöste: einen Hangrutsch. Damals sackte die Ostflanke ab, und wenn man bedenkt, dass sich der Berg seit einiger Zeit mit einer Reihe neuer Krater stets in Richtung Nordosten bewegt, bedeutet das nichts Gutes.

Bei diesem Ausbruch des Vulkans im Oktober 2013 blieb zum Glück die Liftanlage (rechts im Bild) vom Lavafluss verschont.

Besteigung auf eigene Gefahr

Erstaunlicherweise ist der Zugang zum Vulkan nicht geregelt: Wanderer dürfen auf eigene Gefahr so hoch steigen, wie sie wollen, auch ohne Führer. Dabei gilt die Begehung des Gipfelbereichs als lebensgefährlich: nicht nur wegen der stets drohenden Eruptionen und Explosionen, die nicht vorhersehbar sind, sondern auch wegen der Wetterverhältnisse, die hier rasend schnell wechseln können – in den letzten Jahren kamen mehrere Menschen durch Blitzschlag um. Zur Gefahr kann auch die dünne Luft in 3000 Metern Höhe werden. Und dann kommt noch die sprichwörtliche Unberechenbarkeit des Vulkans hinzu, der allen Erfahrungen und wissenschaftlichen Erkenntnissen trotzend sein eigenes Spiel zu spielen scheint. Dem stellt das Vulkanologische Institut Catania (INGV) geballte Technik entgegen: Mehrere Dutzend seismische Stationen lauern auf jede Erschütterung. Das Geschehen im Gipfelbereich des Ätnas wird ununterbrochen mit Webcams aufgezeichnet, die Gase am Vulkan werden durch Thermokameras und Messgeräte auf ihre chemische Zusammensetzung getestet; jede neue Messung wird im Internet publiziert. Und trotzdem sorgt der grollende Feuergott immer wieder für Überraschungen …

Auf einen Blick

Anfahrt Mit dem eigenen Fahrzeug oder öffentlichen Bussen von Nicolosi oder Zafferana Etnea bis Rifugio Sapienza; dort dann weiter mit Seilbahn und Geländewagen; das letzte Stück der Tour zu Fuß.

Seilbahn Sommer 9.00–17.30 Uhr, Winter bis 15.30 Uhr

Gipfeltouren zu Fuß Gruppo Guide Alpine Etna Sud, Via Etnea 49, Nicolosi, Tel. 095 7 91 47 55

Internet www.parcoetna.it, www.vulkan-etna-update.de, www.vulkane.net, www.ct.ingv.it (Vulkanologisches Institut Catania), www.funiviaetna.com (Seilbahn), www.etna guide.eu (Touren)

Wo Odysseus strandete

Siziliens Nordosten zeigt sich vielgestaltig: Quirliges Stadtleben versprechen die Hafenstädte Milazzo und Messina. Der wuchtige Kegel des Ätna erhebt sich über Catania. Stets von weißen Wolken gekrönt, verschafft er Taormina das berühmteste Bildmotiv Siziliens: Theater mit Vulkan.

❶ Milazzo

Weit auf einer schmalen Landzunge ins Meer hinausgebaut, besitzt Milazzo einen sicheren Hafen für Fähren und Schnellboote zu den Liparischen Inseln.

SEHENSWERT

Beachtung verdient die noch deutlich arabische Züge tragende Oberstadt um das unter Friedrich II. ausgebaute **Castello** (Sommer tgl. 8.30–13.30, 16.30–21.30, Fr.–So. bis 24.00 Uhr). Die Fahrt hinaus zum **Capo di Milazzo** und seinem 78 m hohen Leuchtturm belohnt an klaren Tagen ein herrlicher Panoramablick auf die Liparischen Inseln.

RESTAURANTS

€ € € **Ristorante al Castello**, Via Federico di Svevia 20, Tel. 09 09 28 21 75, Mo. geschl. Feinschmeckerrestaurant unterhalb der Burg.
€ **Panineria del Porto**, Via Luigi Rizzo 22, Tel. 09 09 22 49 48. Jedes *panino* wird hier nach Wunsch des Gastes frisch zubereitet. Die besten Brötchen Siziliens, leider lange Wartezeit.

UNTERKUNFT

€ € € **Hotel Cassisi**, Via Cassisi 5, Tel. 09 09 22 90 99, www.cassisihotel.it. Luxus und modernes Design, nicht weit vom Hafen und zu erstaunlich günstigen Preisen.

INFORMATION

Ufficio Informazioni, Piazza Caio Duilio 10, Tel. 0909222865, www.comune.milazzo.me.it

❷ Messina

Messina verdankt seinen antiken Namen – „Zankle" („die Sichel") – der geschützten Bucht, die hier, wo Ionisches und Tyrrhenisches Meer aufeinandertreffen, eine große Bedeutung für den Schiffsverkehr hat.

SEHENSWERT/MUSEUM

Mittelpunkt des Centro Storico ist die **Piazza del Duomo** mit der normannischen **Kathedrale**, die im 12. Jh. unter Roger II. erbaut und beim Erdbeben 1908 schwer zerstört wurde. Abgesehen von einigen Fassadenteilen aus dem 15. Jh. handelt es sich um eine moderne Rekonstruktion, was den monumentalen Eindruck aber nicht schmälert. Täglich um 12.00 Uhr bewegt die mechanische Uhr am Campanile ihre goldenen Figuren. Der barocke **Orionbrunnen** vor der Kathedrale stammt aus der Hand eines Schülers von Michelangelo. Allegorien von Tiber, Nil, Ebro und des Flüsschens Camaro, das Messina mit Trinkwasser versorgte, rahmen den Helden Orion ein, den mythischen Stadtgründer Messinas. Dass Katastrophen auch ein Gutes haben, belegt die nahe **Chiesa SS. Annunziata dei Catalani**, auch sie im 12. Jh. erbaut und vom Erdbeben 1908 schwer getroffen – allerdings nur in den Bereichen, in denen das Kirchlein nachträglich verändert wurde. Es präsentiert folglich unverfälschte arabo-normannische Baukunst. Das **Denkmal** davor gilt dem Sieger der 1571 gegen die Türken gewonnenen Schlacht von Lepanto, Don Juan d'Austria, dem illegitimen Sohn von Kaiser Karl V. aus seiner Liaison mit einer Regensburger Baderstochter. Im **Museo Regionale** sind Gemälde und Skulpturen von Caravaggio, Antonello da Messina und Antonello Gagini zu sehen (Via della Libertà 465, Di.–Sa. 9.00–19.00, So. 9.00–13.00 Uhr).

Oben: Leuchtturm am Capo di Milazzo. Rechts oben und und unten: Mechanische Uhr am Campanile von Messina.

RESTAURANTS

€ € € **Lilla Curro**, Via Lido Ganzirri 10, Tel. 09 03 95 06 4, Mo. geschl. Das schlicht eingerichtete Restaurant etwas außerhalb hat die besten Fischspezialitäten.
€ € **Trattoria Paradisiculo**, Via Ghibellina 154, Tel. 09 07 17 99 2. Gemütliches Ambiente und eine sehr kreative Küche.

UNTERKUNFT

€ € € € **Grand Hotel Liberty** Via 1 Settembre 15, Tel. 09 06 40 94 36, www.framonhotels.com. Historischer Palazzo mit Jugendstildekor zwischen Bahnhof und Hafen.
€ € **Paradis**, Loc. Contemplazone, Via Pompea, (3 km außerhalb Richtung Torre Faro), Tel. 09 03 10 68 2, www.hotelparadis.it. Das moderne Haus am Meer ist im Stil der 1980er-Jahre eingerichtet.

INFORMATION

Ufficio Informazioni, Viale Boccetta, is. 373 Palacultura, Tel. 0907723553, www.comune.messina.it, www.torrese.it

INFOS & EMPFEHLUNGEN

③ – ⑤ Taormina

Als Belvedere wird das 250 m hoch gelegene ③ Taormina **TOPZIEL** gerne bezeichnet, und tatsächlich ist der Blick hier immer famos.

SEHENSWERT
Die Serpentinenstraße führt von Mazzarò kommend zur **Porta Messina**, unterhalb der auch die Seilbahn endet. Von der **Piazza Vittorio Emanuele** schlendert man nun den **Corso Umberto** quer durch die Altstadt nach Südwesten. Im 1410 erbauten **Palazzo Corvaia**, wo die Touristeninformation residiert, sind noch Mauerteile eines arabischen Turms aus dem 10. Jh. Am Ende dieser Straße befindet sich Taorminas wohl berühmteste Attraktion: das **Griechische Theater** (Mai–Aug. 9.00 bis 19.00, April–Sept. bis 18.30, Okt. bis 17.30, März bis 17.00 und Nov. bis Feb. bis 16.00 Uhr). Es wurde im 3. Jh. v. Chr. im griechischen Stil unter Hieron II. von Syrakus erbaut und im 2. Jh. von den Römern ihren Bedürfnissen entsprechend verändert. „Griechisch" ist noch die Anlage in einem natürlichen, aufsteigenden Halbrund – die Römer mauerten Theater auf ebenem Terrain auf. Die **Piazza IX. Aprile** ist

Catania: Das im Jahr 1890 eröffnete Teatro Bellini gehört zu den prächtigsten Opernhäusern Italiens (oben). Beliebter Treffpunkt für Nachtschwärmer ist die Alessi-Treppe (rechts) nahe der Bar Nievski. Catanias Wahrzeichen, der den Brunnen auf dem Domplatz schmückende Elefant, ist aus schwarzem Lavagestein (rechts oben).

ein weiterer Aussichtspunkt, zugleich Ort der Rast mit mehreren Cafés wie der legendären „Wunderbar" und Eingangstor für den ältesten Teil von Taormina. **Torre dell'Orologio** und **Porta di Mezzo** geben den Weg frei in den **Borgo Medievale** rund um die **Piazza del Duomo**. Im 13. Jh. als staufischer Bau begonnen, wurde der **Dom** zwischen dem 15. und 17. Jh. barockisiert.

NIGHTLIFE
Wunderbar, Piazza IX Aprile, Tel. 09 42 25 30 2. Abends der Klassiker, auch wenn der Cocktailspaß ins Geld geht.
Shatulle, Piazza Paladini 5, Tel. 09 42 62 59 85 . Die Bar zählt zu den beliebtesten Hotspots in der Altstadt; auch für Schwule und Lesben.

RESTAURANTS
€ € € € **Al Duomo**, Piazza del Duomo, Tel. 09 42 62 56 56 , Mo. geschl. Vor allem abends mit der Kulisse des beleuchteten Doms ein Erlebnis. Schnörkellose, stets frische Küche.
€ € € € **Ristorante A'Zammara**, Via Fratelli Bandiera 13/15, Tel. 09 42 24 40 8, Mi. geschl. Das rustikale Lokal mit kleiner Terrasse und Garten ist berühmt für die gute Pasta und den angeblich besten (aber auch teuersten) Fisch.

UNTERKUNFT
€ € € € **Excelsior Palace**, Via Toselli 8, Tel. 09 42 23 97 5, www.excelsiorpalacetaormina.it. Schöner, historischer Bau, großzügige Gartenanlage, ein Pool zum Träumen, nostalgische Zimmer, perfekter Service, super Panorama …
€ € € **Elios**, Via Bagnoli Croce 98, Tel. 09 42 23 43 1, www.elioshotel.com. Das moderne Haus mit herrlichem Sonnenterrassenblick auf den Ätna und komfortabel eingerichteten Zimmern befindet sich der Nähe der Bergstation der Funivia.

UMGEBUNG
Der Nachbarort ④ **Giardini Naxos** (5 km südl.) hat wenig mehr zu bieten als Sonne, Kies, Hotels, Meer und die kleine Ausgrabungsstätte der ersten griechischen Kolonistensiedlung aus dem 8. Jh. v. Chr. Ein Ausflug in die ⑤ **Gola d'Alcantara** (20 km westl.), die 400 m lange und teils nur 8 m breite Schlucht des eisigen Flüsschens Alcantara, ist sizilianisches Pflichtprogramm (www.parcoalcantara.it).

INFORMATION
Ufficio Informazioni, Piazza V. Emanuele, Tel. 094223243, www.comune.taormina.me.it

⑥ – ⑦ Catania

Catania, die schwarze Stadt am Fuße des Ätna, umweht ein Hauch von Düsternis, der allerdings nur den dunklen Lavastein-Fassaden der Häuser im Centro Storico geschuldet ist.

SEHENSWERT/MUSEUM
Die **Piazza del Duomo** präsentiert sich in barocker Pracht aus dunklem Lava und hellem Kalkstein. Ihren Mittelpunkt bildet die **Fontana dell Elefante** (1736) von Giovanni Battista Vaccarini. Dem Brunnen gegenüber entfaltet der **Duomo Sant'Agata** seine durch Säulen gegliederte Barockfassade in theatralischem Auftritt. Angesichts der bewegten, schwingenden Linien ist es kaum vorstellbar, dass sich

> **Tipp**
>
> ## Kunst und Schwefel
>
> New York hatte Warhols Factory, ⑥ **Catania** hat Zō, eine ehemalige Schwefelfabrik als Zentrum zeitgenössischer Kunst: Junge Kulturschaffende hatten die Idee, eine leerstehende Fabrik, die einstige Schwefelraffinerie Le Ciminiere, als künstlerischen Raum zu nutzen. Heute ist das Zō der Veranstaltungsort in Catania für ambitionierte Theater-, Musik- und Kunstprojekte. Es birgt eine Buchhandlung mit Internet-Point und ein Café-Restaurant, Zō-Food, das mit saisonalen Zutaten vom Markt auf frische, gesunde Küche setzt. Kultur auf allen Ebenen also!
>
> ### INFORMATION
> Zō – Centro Culture Contemporanee, Piazzale Asia, 6, Tel. 095 8 16 89 12, www.zoculture.it

Mit mehr als einer Million Übernachtungen im Jahr ist Taormina die Touristenhochburg Siziliens.

hinter dieser Schaufront noch Reste der ersten Normannenkirche aus dem Jahr 1097 verbergen. Vaccarini barockisierte das wiederholt umgebaute Gotteshaus nach dem Erdbeben von 1693, bezog aber die alten Bauteile ein. Diese wurden Mitte des 20. Jh. freigelegt und zeigen deutlich den Wehrcharakter, den dieser erste Dom mit seinen vier Ecktürmen hatte. Harmonisch wirkt auch die barocke, ebenfalls von Vaccarini erbaute **Badia di Sant'Agata**. Nördlich des Domplatzes rahmen die Institute der im 18. Jh. errichteten Universität die quadratische **Piazza Università** ein. Von hier führt die lebhafte **Via Etnea** weiter nach Norden. Cafés, Modeboutiquen und Hotels säumen die Straße dicht an dicht, wenngleich der starke Verkehr unter der Woche nicht unbedingt zum Verweilen einlädt (am Wochenende gehört die Straße den Fußgängern). 1669 floss ein so breiter Lavastrom vom Ätna durch Catania, dass er das 1239 auf einem 17 m hoch über dem Meer errichtete **Castello Ursino** Friedrichs II. vom Wasser abschnitt. Das darin untergebrachte **Stadtmuseum** zeigt eine archäologische Sammlung (Mo.–Sa. 9.00–19.00, So. bis 13.00 Uhr).

NIGHTLIFE
Nievski, Via Alessi 15/17, Tel. 09 53 13 79 2, Mo. geschl. 1968er-Jahre-Flair und viel Platz auf der schönen Alessi-Treppe vor der Türe.
Enola Jazz Club, Via Mazza 14, Tel. 34 05 188431, https://it-it.facebook.com/ENOLA.MUSICLUB, 20.00–3.00 Uhr. American Bar mit coolem Jazz und hohem Anspruch.

RESTAURANTS
€ € € **Osteria/Pizzeria Antica Sicilia**, Via Roccaforte 15/17, Tel. 09 57 15 10 75, www.ristoranteosteriaanticasicilia.it. Mitten im Barock Catanias speist man elegant-gemütlich im Gastraum oder unter freiem Himmel beste Fischküche oder eine Pizza.
€ **Antica Friggitoria Catanese Stella**, Via Ventimiglia 66, Tel. 09 5 535002, Mo. und Juli bis Sep. geschl. Wo's schmeckt wie bei Mama, steht die *mamma* auch am Herd. Einfach, urig, gut.

UNTERKUNFT
€ € € **Centrale Europa**, Via Vittorio Emanuele 167, Tel. 09 53 11 30 9, www.hotelcentraleuropa.it. Zentral bei der Piazza Duomo gelegen. Guter Komfort und freundlicher Service, allerdings etwas düster eingerichtete Zimmer.
€ € **B&B San Barnaba**, Via Santa Barbara 67, Mobil-Tel. 03 47 52 24 01 3, www.grupposanbarnaba.com. Das nette B&B in der Altstadt bietet Unterkunft in kleinen, freundlich eingerichteten Zimmern.

UMGEBUNG
Als einer der schönsten Küstenstriche Siziliens gilt die ❼ **Riviera dei Ciclopi** zwischen Aci Castello und Acireale.

INFORMATION
Ufficio Informazione Centro, Via Vittorio Emanuele 172, Tel. 0957425572, www.comune.catania.it

Genießen   Erleben   Erfahren

Auf schmaler Spur rund um den Ätna

Die Circumetnea dient den Menschen am ❽ Ätna **TOPZIEL** als Verkehrs- und Transportmittel, viele Kinder pendeln mit ihr zur nächsten Schule. Auf der Fahrt lässt sich der Ätna aus allen Blickwinkeln beobachten.

Im Jahr 1895 wurde die 110 Kilometer lange Schmalspurbahn, die von Catania bis Giarre in 3,5 Stunden (fast) einmal um den Ätna herumtuckert, in Betrieb genommen. Der als Zweiergespann fahrende Dieseltriebwagen hält dabei im Schnitt alle vier bis fünf Minuten an insgesamt 30 Stationen – so bleibt genügend Zeit, das Treiben auf den Bahnhöfen, das Be- und Entladen von Körben voller Orangen oder Haselnüssen, dramatische Abschieds- und ebenso temperamentvolle Willkommensszenen wie auf einer offenen Bühne zu beobachten. Wer mag, kann die Fahrt beliebig unterbrechen und die Weiler und Städte am Ätna erkunden.

Nach Durchquerung von Catanias wenig attraktiven Vororten stehen um Paternò die ersten Zitrus- und Olivenhaine am Hang des Vulkans. Über Adrano und Bronte folgt die Bahn dann der Westflanke des Ätna nach Norden. Nahe an den erstarrten Lavaströmen entlangfahrend erreicht sie bei Maletto den mit 990 Meter höchsten Punkt der Strecke. Randazzo an der Nordwestflanke, die dem Gipfel am nächsten liegende Siedlung, wurde wie durch ein Wunder vom Berg bislang verschont. Linguaglossa ein Stück nordöstlich hatte leider viel weniger Glück: Sein schönes Pinienwäldchen brannte bei einem Ausbruch komplett ab. Hier verlässt die Circumetnea die Ätna-Runde und wendet sich nach Giarre am Ionischen Meer. Von dort geht's mit dem Bus zurück nach Catania.

Weitere Informationen
Mo.–Sa. Abfahrten an der Stazione FCE (Stazione Borgo) etwa alle 30 bis 40 Minuten, Dauer der Fahrt etwa 3,5 Stunden, Fahrpreis rund 7 Euro. Nur drei Züge fahren die ganze Strecke; bei den anderen Verbindungen muss man aussteigen und auf den nächsten Anschluss warten. Fahrpläne: www.circumetnea.it. Fahrpläne für die Rückfahrt mit dem Bus findet man unter www.circumetnea.it, Linie Randazzo – Castiglione – Giarre – Catania. Unter Umständen ist es günstiger, bereits in Linguaglossa in den Bus umzusteigen.

Oben angekommen, ist der Rundumblick grandios!

Im Licht der sizilianischen Sonne

Siziliens Südosten ist so reich an kulturellen Zeugnissen aller Epochen, dass man alleine hier einen ganzen Urlaub verbringen könnte. Drei Welterbestätten der UNESCO sind auf engstem Raum versammelt! Daneben locken Natur und Meer zu Wanderungen durch die duftende Macchia und zu einem erfrischenden Sprung in die Ionische See. Typisch für die Region ist der weiße Kalk der Monti Iblei, aus dem auch die Städte gebaut sind, und der ein Sonnenlicht reflektiert, das es *so* nur hier im Südosten gibt.

Blaue Stunde in Ragusa Ibla: Eng schmiegen sich die Häuser der nach dem Erdbeben im Jahr 1693 barock erneuerten Altstadt an den Hang.

Syrakus, Stadt der Frauen? Auf der Piazza Duomo wird das Flanieren zum Promenieren (ganz oben). Rechts: Im Duomo Santa Maria delle Colonne spaziert man durch die Vorhalle in die Antike – das gesamte Mittelschiff nimmt die ehemalige Cella des Athenatempels ein, der im 5. Jh. v. Chr. errichtet wurde. Oben: „Siziliens Venedig", wie Syrakus auch genannt wird, von seiner schönsten Seite – vom Naturhafen mit Blick auf die Schaufassaden der schönen Altstadtpalazzi.

Die Piazza del Duomo in Syrakus ist ein „Platz von schwereloser Heiterkeit, wie es ihn in ganz Sizilien kein zweites Mal gibt" (Eva Gründel und Heinz Tomek).

> Papyrusstauden rascheln in der Brise, und man vermeint, im Glucksen des Wassers das helle Lachen der Nymphe zu hören.

Abends wirkt der stille, von Enten und Schwänen bevölkerte Teich der Arethusa-Quelle in der Altstadt von Syrakus (italienisch: „Siracusa") höchst romantisch. Papyrusstauden rascheln in der Brise, und man vermeint, im Glucksen des Wassers das helle Lachen der Nymphe Arethusa zu hören. Ihr, die im Gefolge der Göttin Artemis bei Olympia lebte, wurde ein unschuldiges Bad im Fluss Alpheios zum Verhängnis. Denn der Flussgott verliebte sich in sie – sie aber nicht in ihn. Auf der Flucht vor ihm durchschwamm Arethusa das Meer, und Artemis verzauberte sie in eine Quelle auf der Insel „Ortigia" („Wachtel-Insel"), der Keimzelle des heutigen Syrakus, wo sich im Jahr 734 v. Chr. die ersten Kolonisten aus Korinth angesiedelt hatten. Alpheios folgte ihr, wurde ebenfalls zur Quelle und vereinigte seine Wasser mit den ihren ...

Die Nymphen von Syrakus

Arethusa ist nicht die einzige Nymphe, die in der Geschichte von Syrakus eine Rolle spielt. Eine andere ist Kyane, die versuchte, den Raub der Persephone durch Hades zu verhindern. Hades spaltete sie mit dem Schwert, und die Götter belohnten ihren Mut, indem sie sie zu einem Flüsschen machten. Auch an diesem Fluss – Ciane, den man gemütlich mit einem Boot befahren kann – wächst Papyrus – das größte Vorkommen in Europa. Wahrscheinlich fand die aus Ägypten stammende Pflanze im 3. Jahrhundert v. Chr. ihren Weg nach Syrakus – als Geschenk des Pharao Ptolemaios Philadelphos an Hieron II. Und der sumpfige Grund – der Name „Syrakus" leitet sich von der einheimischen Bezeichnung für die Sümpfe ab, die zum Zeitpunkt der griechischen Landnahme im 8. Jahrhundert v. Chr. auf dem Festland existierten – wird die Ausbreitung des Papyrus noch befördert haben.

Der Tempel als Dom

Vom Beginn der Kolonisierung an standen die griechischen Städte auf Sizilien in scharfer Konkurrenz zu den Puniern in ihrer Kapitale Karthago, einem Vorort des heutigen Tunis. Sie wollten keine andere Macht jenseits der Straße von Sizilien dulden, erst recht nicht auf der Insel, die Karthago mit eigenen Kolonien zu besiedeln suchte. Von den vielen Kriegszügen und Schlachten blieb besonders jene von Himera im historischen Gedächtnis, bei der Gelon von Syrakus die Karthager unter Führung des Hamilkar 480 v. Chr. vernichtend schlug und seinem Reich einige karthagerfreie Jahrzehnte bescherte. In Erinnerung an diesen großen Sieg errichtete man den Athenatempel in Syrakus, der in der An-

Nein, die Braut wird nicht abgeführt, sondern geheiratet. Zuvor kommt sie noch an der Fonte Aretusa von Syrakus vorbei, einer nur wenige Meter vor dem Meer sprudelnden, von Papyrusstauden umgebenen Süßwasserquelle, in der einst die schöne Nymphe Arethusa wieder aufgetaucht sein soll. Die war nämlich auf der Flucht. Vor wem? Vor einem Mann: dem liebestollen griechischen Flussgott Alpheios.

Wenn es Nacht wird in Syrakus, trinkt man Wein auf der Piazzetta San Rocco und wird trunken von des Lebens überschäumender Fülle.

Im „Caffé Ortigia" (unweit der Fonte Aretusa) gehen bald die Lichter aus – wir aber gehen noch lange nicht nach Haus'.

tike besonders reich – u. a. mit von den Kykladen importiertem Marmor – ausgestattet war. Später verehrten die Römer darin Minerva, im 6. Jahrhundert wurde der Tempel in eine dreischiffige Basilika umgebaut und Maria geweiht. Dafür integrierte man die dorischen Säulen in die Außenwände der Kirche, durchbrach die seitlichen Wände der Cella zu Arkaden, und so betritt der Besucher heute mit dem Dom Santa Maria delle Colonne von Syrakus ein Gotteshaus, in dem die kontinuierliche Verehrung einer weiblichen Gottheit über 2500 Jahre hinweg in antiken Kapitellen, normannischen Zinnen und barockem Chor sinnlich fassbar ist. Selbst das Taufbecken im Baptisterium ist eine Alabastervase aus dem zuerst der Athena geweihten Tempel.

Marinas und Plantagen
Zwischen den Barockstädten Avola und Ragusa säumt eine ganze Reihe von Marinas die Südostküste von Sizilien. Wobei man sich unter einer „Marina" hier eine Art Satellitensiedlung am Meer vorzustellen hat, die durchaus auch die Ausmaße einer mittleren Kleinstadt annehmen kann. Die meisten Marinas heißen nach ihren Mutterstädten, also „Marina di Noto", „Marina di Modica","Marina di Ragusa", und sie bestehen fast ausschließlich aus Ferienwohnungen und Ferienhäusern. Selten findet sich hier mal ein Hotel, auch Restaurants sind relativ rar gesät, denn eine sizilianische Familie kocht natürlich auch in den Ferien selbst. All diesen Marinas gemeinsam ist, dass sie im Winter zu öde verlassenen Geisterstädten mutieren, sich im Sommer aber wieder in wahre Freizeitparadiese verwandeln, mit Hüpftrampolinen und Karussells, Gelatiständen und Schießbuden, Miss-Marina-Wahlen und Open-Air-Diskotheken sowie immer mal wieder einem bunten Feuerwerk.

Im Winter mutieren die Satellitensiedlungen am Meer zu Geisterstädten.

Sizilien für Sizilianer
In einer solchen Marina Urlaub zu machen, vor allem in der hochkritischen Zeit um Ferragosto, also den 15. August, freut den Sizilianer, bringt aber den nichtsizilianischen Feriengast mit Sicherheit um jede Erholung und vielleicht auch um den Verstand. Denn in dieser Zeit scheinen alle anderswo üblichen Regeln des Zusammenlebens außer Kraft gesetzt zu sein. An einen normalen Wach-/Schlafrhythmus ist nicht zu denken, solange die testosterongesteuerten Jugendlichen von nebenan ihre Roller tunen, selbst die Kleinkinder bis drei Uhr morgens aufbleiben dürfen und die Signore die kühlen Nachtstunden gern zu einem Schwätzchen über fünf Häuser hinweg nutzen. Der mühsam eroberte Platz am Strand ist nur so lange sicher, bis die benachbarte Großfamilie vor der Verwandtschaft Besuch bekommt und das Badetuch des Fremden mal eben in ihrer Mitte integriert. Das Meer ist voll mit bis zum Bauch im Wasser stehenden Plaudergruppen. Bambini bewerfen ihre Nachbarn mit Sand und ernten beifälliges Gelächter. Kurzum: Urlaub in der Marina ist nur für sehr kontaktfreudige und äußerst duldsame Naturen – oder für Sizilianer.

Zwischen den Marinas wird die Südostküste Siziliens von nicht gerade landschaftsverschönernden Treibhauskulturen

Berühmt ist die seit den 1920er-Jahren systematisch freigelegte, seit 1997 zum Welterbe der UNESCO zählende Villa Romana del Casale vor allem wegen ihrer großflächigen Bodenmosaiken aus verschiedenfarbigem Marmor, die wohl von Kunsthandwerkern aus Nordafrika ausgeführt wurden. Die Abbildungen bedecken eine Fläche von mehr als 3500 Quadratmetern und zeigen neben Jagd- und Alltagsszenen auch mythologische Motive.

beherrscht: Graue Plastikplanen schützen Frühtomaten, Gurken, Erdbeeren und was der mitteleuropäische Markt noch so auf seinem reich gedeckten Tisch sehen möchte. Die Provinz Ragusa ist einer der großen Lieferanten von Frühgemüsen in Europa. Vier, fünf Kilometer landeinwärts kommt man in eine völlig andere Welt: Trockenmauern begrenzen kleine Felder, auf denen ein paar Oliven-, Johannisbrot- und Mandelbäume stehen. Kühe und Schafe knabbern an aromatischen Kräutern, die dem Provolone – einem Hartkäse aus den Ibleischen Bergen – seinen unverwechselbaren Geschmack verleihen; Bienen sammeln den köstlichen Nektar ein, der sich in goldgelben Honig verwandelt – eine weitere Spezialität der Monti Iblei ist der *miele di carrubo*, ein aus den Blüten des Johannisbrotbaums hergestellter Honig.

Eine stille, vielfältige und reiche Landschaft tut sich auf, sobald man die viel befahrene Küstenstraße verlassen hat und auf Feldwegen und Landsträßchen durch die fruchtbare Region mäandert. Wild wachsenden Kräutern wie Salbei, Oregano und Fenchel entlockt die Sommersonne Duftkaskaden, roter Mohn wiegt sich in Weizenfeldern. Die Landwirtschaft hat die Region wohlhabend gemacht. Anders als im restlichen Sizilien verfolgten die Feudalherren, die Grafen von Modica, eine kluge Politik landwirtschaftlicher Erschließung mittels langfristiger Pachtverträge. Während im restlichen Sizilien die Erträge zurückgingen, wurden sie im Südosten gesteigert. Noch heute zählt die Provinz Ragusa zu den reichsten der Insel.

Im Barockdreieck

Als im Jahr 1693 die Erde bebte und ganze Städte verschlang, konnten sich die Menschen den Neuanfang leisten – und was für einen! Die Blütezeit des Barock war eigentlich schon vorüber; in Frankreich und Deutschland beschwipste man sich bereits am Rokoko; doch hier, im weit entfernten Sizilien, setzte man auf Bewährtes. Ganze Städte wie Noto, Avola

Zu den schönsten Beispielen sizilianischer Barockbaukunst gehört der in den Jahren 1744 bis 1775 nach Plänen von Rosario Gagliardi erbaute Dom San Giorgio in Ragusa Ibla.

Der sizilianische Autor Leonardo Sciascia nannte Noto einmal „eine Komödie".

Barocke Pracht auch in Noto: Der Palazzo Villadorata mit seinen aufwendig skulptierten Balkonstützen wurde im Jahr 1737 errichtet.

Groß und Klein sind dabei, wenn in dem charmanten Barockstädtchen Palazzolo Acreide einer der örtlichen Schutzheiligen – San Paolo – gefeiert wird.

und Comiso mussten neu erbaut werden und wurden ordentlich geplant: mit rechtwinkeligem Straßenraster, einer Piazza im Zentrum, darüber der Dom. Avola und Vittoria wurden zum sechszackigen Stern, Noto zu einer am Hang entlanggezogenen und hinaufgestaffelten Bühne der Eitelkeiten. In der Horizontalen herrschten der rechte Winkel und die Uniformität: So legten die Bauherren Wert darauf, dass die Bebauung einer Straße homogen wirkte. In der Vertikalen allerdings jubelte barocker Schwung, besonders an und in den Häusern Gottes.

Spezialist für den in diesem Barockdreieck vorherrschenden Baustil, der irgendwo zwischen der gestrengen Auslegung in Palermo und der erhabenen in Rom angesiedelt ist und das Ganze mit arabischer Dekorationslust garniert, war der aus Palermo stammende Giovanni Battista Vaccarini, der vornehmlich Catania formte. Sein Schüler Rosario Gagliardi aus Syrakus aber zeichnete seinerseits für die Gestaltung fast aller Kirchen im Südosten verantwortlich.

Rettung durch die UNESCO

Der sizilianische Schriftsteller Leonardo Sciascia nannte Noto einmal „eine Komödie". Ob er damit die vielen Barockfratzen und -skulpturen an den Palazzi meinte? Oder den Prozess des Verfalls, der diese Traumstadt des sizilianischen Barock heimsuchte, ohne dass auch nur ein Verantwortlicher den Finger gerührt hätte? Wer Noto noch gegen Ende des 20. Jahrhunderts besuchte, der fühlte sich, als wandele er durch surreale Kulissen: Da wuchsen Bäume aus Fensterhöhlen, brach Knöterich die eleganten Balustraden-Streben der Palazzi auf, und durch die elegante, schwingende Schaufassade des Doms blickte man in den blauen Himmel – Kuppel und Seitenwände waren eingestürzt. Dass es heute anders aussieht, ist der UNESCO zu danken, die die spezifisch südostsizilianischen Barockstädte im Val di Noto zum schützenswerten Erbe der Welt erklärte und so die Behörden zwang, etwas zu unternehmen.

DUMONT THEMA

CUCINA SICILIANA

Kochen ohne Kapriolen

Viele Köche verderben den Brei – aber nicht immer: Manchmal wird er auch schmackhafter. In den sizilianischen Kochtöpfen rührten Araber und Normannen, Spanier und Österreicher; auch Briten und Nordafrikaner setzten Akzente. Dazu steuerte die Natur einen prallvollen Gabenkorb bei und die sizilianische mamma ihr Temperament.

Die sizilianische Küche setzt auf regionale saisonale Gaben wie etwa Kapern: einfach und gut – einfach gut!

Wenn die Tomaten heranreifen, serviert man hier gern eine sizilianische Vorspeise, *Pomodoro verde*: Dafür werden die noch grünen Tomaten in Scheiben geschnitten und über Nacht in einem Salzbett eingelegt. Am nächsten Tag lässt man die Salzlake abtropfen und legt die Tomatenscheiben für weitere zwölf Stunden in Weißweinessig. Dann werden sie mit einem Küchentuch abgetupft, mit frischem Oregano, Pfeffer und kleingehacktem Knoblauch angerichtet. Zum Schluss noch ein paar Spritzer Olivenöl darüber – und fertig zum Genuss!

Saisonale Gaben der Natur

Diese Vorspeise ist typisch für die sizilianische Küche. Sie begnügt sich mit den saisonalen Gaben der Natur, mit Kapern beispielsweise, die als wildes Gemüse bevorzugt auf den Vulkaninseln der Egaden und Liparen und auf Pantelleria wachsen. Kurz bevor die Knospen erblühen, werden sie geerntet, in Salz eingelegt und als würziger Zusatz zu Salaten und Saucen verwendet. *Cucunci*, die Früchte des Kapernbusches, kredenzt man als beliebten Aperitif.

Als lauwarm oder kalt servierte, süßsaure Vorspeise schätzt man in der sizilianischen Küche *Caponata* – Auberginen, Tomaten, Paprika, Kapern und Zwiebeln gedünstet. *Peperonata* (Gemüsepaprika) wird im Backofen gegart, mit Öl und Essig mariniert. Wilder Gebirgsfenchel ist ein elementarer Bestandteil des sizilianischen Lieblingsgerichts *Pasta con le sarde* (Nudeln mit Sardinen). In der ebenfalls gern gegessenen *Pasta alla Norma* harmonieren reife Tomaten, Auberginen, Knoblauch, Basilikum und Ricotta perfekt miteinander.

Fisch und Fleisch

Unter den Gaben des Meeres bevorzugt die sizilianische Hausfrau neben Sardinen auch Thunfisch, Sardellen, Schwertfisch und alle Arten von Meeresfrüchten. Lecker sind zum Beispiel *alici marinate* – marinierte Sardellen mit frischer Minze.

Beliebte Fleischgerichte sind Kaninchen: *Coniglio alla Siciliana* (mit Karotten, Oliven und Pfefferminze gegart) oder *Coniglio al agrodolce* (süßsauer

Kapernblüte auf Salina (Liparische Inseln), wo jedes Jahr am ersten Juniwochenende ein Kapernfest gefeiert wird.

Schon bei den sizilianischen Vorspeisen läuft einem das Wasser im Munde zusammen. Und Käse schließt den Magen ...

mariniert). Typisch sind auch *Spedini alla palermitana* (gehaltvolle Rouladenspießchen aus Rindfleisch) oder *Farsumagru* (große, mit Fleisch, Eiern, Oliven, Brotkrumen und Kräutern gefüllte Kalbsrouladen).

Weiterführende Literatur

Giorgio Locatelli, **Sizilien - Das Kochbuch**, München 2012
Mariapaola Dettore, **Das Sizilien-Kochbuch. Über 60 landestypische Rezepte**, München 2007
Clarissa Hyman und Peter Cassidy, **Sizilien. Cucina e passione**, München 2002
Matthias Mattenberger und Giovanni DiBennardo, **La Cucina DiBennardo. Eine kulinarische Reise durch Sizilien**, Zürich 2005
William dello Russo, **Echt Italienisch! - Sizilianische Küche**, 80 traditionelle und moderne Rezepte, Hildesheim 2013
Martina Meuth und Bernd Neuner-Duttenhofer, **Andrea Camilleris sizilianische Küche**, Bergisch Gladbach 2005
Barbara Reishofer, **Sizilien - die wahre Kunst des Kochens** (italianissimo), Selbstverlag 2013
Cettina Vicenzino, **Mamma Maria! Familienrezepte aus Sizilien**, München 2009

Slow Food alla Siciliana

Viele der traditionellen Früchte, Käse und Zubereitungsarten wären längst unter dem international üblichen kulinarischen Einheitsschäumchen verschwunden, hätte es sich nicht ein Ableger der Slowfood-Bewegung in Messina zur Aufgabe gemacht, Originär-Sizilianisches zu erhalten. Gefördert werden Anbau und Vermarktung regionaler Produkte, aber auch die Zucht des *asino ragusano*, des Esels von Ragusa, denn das früher allgegenwärtige Last- und Arbeitstier ist mittlerweile fast ganz aus sizilianischen Ställen verschwunden. Clara Rametta, Besitzerin des Hotels Signum in Malfa, initiierte in den 1990er-Jahren ein großes Kapernfest, die *sagra del cappero* im Dörfchen Pollara, und grub dafür nicht nur viele alte Kapernrezepte aus, sondern erkannte auch den Nutzen der Kapern für die Körperpflege: Im Spa ihres Hotels sind heute Behandlungen mit Meersalz, Honig, Olivenöl und Kapern der Renner.

Afrikanisches Erbe

Ihren Einfluss auf die sizilianische Küche verdankt die nordafrikanische Kochtradition ihrer rund 300 Jahre währenden arabischen Präsenz auf der Insel und dem steten Zustrom nordafrikanischer Migranten. Besonders lecker: In Trapani bereitet man Couscous mit einer sämigen Fisch-/Gemüsesauce zu, in der möglichst viele verschiedene Fischsorten, reife Tomaten, Knoblauch, Karotten, Sellerie, Zwiebeln, ein Peperoncino, zerstoßene Mandeln und Safran geköchelt haben. Couscous mit Fleisch kennen die Westsizilianer auch: Es ist das traditionelle Gründonnerstagsgericht und wird aus Schweinefleisch zubereitet – nichts für Muslime also.

Schnee vom Ätna zur Kühlung

Sizilianer halten sich für die Erfinder des Speiseeises. Noch im 19. Jahrhundert diente ihnen der Schnee vom Ätna als natürliches Kühlmittel. Für Fruchteis werden in der Regel nur frische Früchte verwendet. Getrunken werden vorwiegend Wasser und Wein, Mandelmilch *(latte di mandorla)* sowie frischer Orangen- oder Zitronensaft *(spremuta di arancia o di limone)*.

Das perfekte sizilianische Frühstück: Granita, eine sorbetähnlich-erfrischende, mit Fruchtmark, Mandelmilch oder Espresso angerührte Süßspeise, und Brioche, ein Hefegebäck.

UNSERE FAVORITEN

Die schönsten Bergstädte und Dörfer

Wo Sizilien am sizilianischsten ist

Genug Sonne getankt und lange genug am Strand gelegen? Da bietet sich ein Kontrastprogramm – aus der Ebene in die Höhe(n). Die Dörfer und Städte in den Bergen versprechen auch im Hochsommer etwas Abkühlung. Waghalsig türmen sie sich auf Felsen, drängen sich auf Klippen oder hängen an Abgründen – immer überragt von den Türmen ihrer Kirchen.

1 Erice

Der malerische Ort auf dem den Griechen heiligen Berg im Rücken Trapanis beherrscht die Westküste. In 750 m Höhe über den gleißend weißen Salinen schlängeln sich die mittelalterlichen Gassen entlang der Häuserfronten aus Naturstein. Immer wieder eröffnen sich dem Spaziergänger fantastische Blicke auf die Ebene im Rund, und er mag sich wie Eryx fühlen, Sohn Poseidons und Aphrodites, der die Stadt gegründet hat. Oder wie der Trojaner Aeneas, ebenfalls ein Sohn Aphrodites, der hier oben einen Tempel für seine Mutter errichtete.

Anfahrt von Trapani mit dem Auto (vom Zentrum 15 km) oder per Seilbahn (hin und zurück 9 €)

2 Sperlinga

Die Burg von Sperlinga wächst im wahrsten Sinne aus dem Fels. Zahlreiche Höhlen haben die Menschen in die steinerne Kuppe geschlagen – in vorgeschichtlicher Zeit als Wohnhöhlen, später als Erweiterung der Zitadelle und Zuflucht für die Bewohner der Häuser, die sich an die Flanken des Burgbergs schmiegen. Wenn die Abendsonne die Fassaden und den Fels zum Glühen bringt, sollte man auf Abstand gehen. Dann ist die Sicht von weitem am schönsten.

www.comune.sperlinga.en.it, www.castellodisperlinga.it

3 Petralia Soprana

Grauen Fels, grauer Stein – Petralia Soprana thront auf seinem 1100 m hohen Bergrücken wie ein wehrhaftes Adlernest. Graue Quader türmen sich zu Häusern und Kirchen, wie im Gebirge üblich dicht an dicht als Schutz vor dem eisig pfeifenden Winterwind und der brütenden Sommerhitze. Der Bummel durch die engen Gassen, vorbei an winzigen, mit Geranientöpfen geschmückten Plätzen dauert nicht lange. Danach lässt man bei einem Glas Wein oder einem Espresso auf der Piazza del Popolo das Leben dieser innersizilischen Kleinstadt auf sich wirken.

Wem Petralia Soprana zu urtümlich ist: Die Schwesterstadt Petralia Sottana liegt etwas tiefer und ist nur 2 km entfernt

4 Piazza Armerina

Alles überragend wächst der Dom mit seiner wuchtigen Kuppel aus dem an seine Mauern brandenden Häusermeer. Goldgelb und ockerfarben reihen sich die Fassaden der Gebäude talwärts gewandt im Licht aneinander, zwischen ihnen streben die Gassen steil bergan. Die im Jahr 1080 gegründete Stadt steht seit Jahr und Tag im Schatten des berühmten und weit älteren unmittelbaren Nachbarn und Weltkulturerbes, der Villa Romana del Casale. Nach deren Besuch bringt Piazza Armerina wieder sizilianische Normalität in den Urlaub.

www.comune.piazzaarmerina.en.it

Caltagirone

Die sizilianische „Capitale della Ceramica", die Hauptstadt der Keramik, erstreckt sich über mehrere Hügel. In ihnen verlaufen die Tonschichten, deren feine Erde schon vor Urzeiten zur Herstellung von Töpferwaren diente. Die Araber nannten den Ort nach der Eroberung im 9. Jh. Qalat-al-Ghiran (Burg über den Höhlen). Bemalter und glasierter Ton ist heute allgegenwärtig, in Souvenirshops, in den Verkaufsausstellungen der Handwerkskooperativen, in Museen, an Brüstungen und der weltberühmten gekachelten Treppe, die im Herzen der Stadt vom weltlichen Zentrum hinauf zum spirituellen Mittelpunkt der Stadt führt, zum Dom (18./19. Jh.).

www.comune.caltagirone.ct.it

Rocca di Cefalù

Auch wenn ganz oben nur noch Ruinen stehen, die halbstündige Ersteigung des 270 m hohen Burgberges wird mit einer atemraubenden Sicht über Cefalù und das Meer belohnt. Zwischen Bäumen versteckt sich der Diana-Tempel aus dem 9. Jh. v. Chr. Zudem eröffnet sich oben ein Blick aufs Mittelalter Siziliens, als die Menschen im 7. Jh. in den Wohnhäusern innerhalb der Festung vor Piraten Zuflucht fanden und auch langen Belagerungen widerstanden – gerüstet mit Kapelle und Backofen.

Eintritt 4 €, bei schlechtem Wetter wird der Zugang gesperrt

Piana degli Albanesi

Innersizilien einmal ganz anders. Nur 30 km südlich von Palermo liegt nicht hoch oben auf einer Kuppe, sondern in den Bergen in einer weiten Kuhle eingebettet die „Zuflucht der Albaner". Braune Hänge stehen im Rund, in der Mitte spiegelt der Lago di Piana degli Albanesi das tiefe Blau des Himmels. Im 15. Jh. von – vor der türkischen Invasion geflüchteten – Albanern gegründet, präsentiert sich das Städtchen heute als ein moderner Ort, der vor allem mit seiner malerisch-schönen Lage punkten kann.

www.visitpiana.it

Kulturelles (Welt-)Erbe und quicklebendige Gegenwart

Ein Feuerwerk kunsthistorischer Attraktionen erwartet den Besucher im Südosten Siziliens, und er kann ganz nach Geschmack zwischen archaischen, griechischen und barocken Schwerpunkten auswählen.

❶–❸ Syrakus und Umgebung

Als antike Metropole, im 5. Jh. v. Chr., hatte das heute rund 125 000 Ew. zählende ❶ **Syrakus TOPZIEL** eine halbe Million Einwohner. Das imposante Ausgrabungsgelände von Neapolis, der romantische, historische Kern auf der Insel Ortigia und die nicht ganz so alte, aber ebenfalls reizvolle „Neustadt" auf dem Festland zählen zu den wichtigsten Reisezielen Siziliens.

SEHENSWERT/MUSEEN

Die Insel **Ortigia** ist durch drei Brücken mit dem Festland verbunden. Der älteste dorische Tempel Siziliens, der **Apollontempel** (um 570 v. Chr.) begrüßt den Besucher gleich am Eingang zum Gassengewirr der Altstadt. Über die **Piazza Archimede** mit dem Jugendstilbrunnen **Fontana di Artemide** geht's durchs Zentrum, vorbei an teils bizarr geschmückten barocken Palazzi zur **Piazza del Duomo** mit dem Dom **Santa Maria delle Colonne**, dem ehemaligen Athenatempel. Errichtet wurde er nach dem Sieg über die Karthager bei Himera. Vom Domplatz nach Süden gehend sind Teich und Papyrushain der **Fonte Aretusa** erreicht. Die Südspitze der Insel beherrscht das **Castello Maniace**, das General Georgios Maniakes erbaute und Kaiser Friedrich II. in dem für ihn charakteristischen Stil mit vier Rundtürmen erweiterte. Das **Museo Archeologico Paolo Orsi** gehört zu den bedeutendsten der Insel. Schwerpunkte der Ausstellung sind Vor- und Frühgeschichte mit wertvollen bronzezeitlichen Funden und Sammlungen zu den griechischen Koloniegründungen, darunter eine ausschließlich Syrakus gewidmete Abteilung. Ein weiterer Themenbereich sind die prägriechischen Kulturen Siziliens (Di.–Sa. 9.00–18.00, So. 9.00–14.00 Uhr). Die wichtigsten Ruinenreste der „neuen Stadt" („Neapolis") – der Siedlung also, die auf dem Festland errichtet wurde – sind im **Parco Archeologico della Neapoli** im nordwestlichen Syrakus zu besichtigen. Gleich am Eingang steht rechts der 180 m lange und 23 m breite, aus dem Felsen gearbeitete **Altar Hierons II.** (275 bis 215 v. Chr.), auf dem alljährlich am Festtag des Zeus Eleutherios die Stadt 450 Stiere opferte. Vom Eingang links gibt das **Griechische Theater**

Syrakus: Das „Ohr des Dionysios" (oben) im Parco Archeologico della Neapoli, Apollontempel (rechts unten) und Dom (rechts oben).

(3. Jh. v. Chr.) Anschauungsunterricht in der klassischen griechischen Theaterarchitektur mit in den Fels geschlagenen Sitzreihen, Platz für 15 000 Zuschauer (man muss sich die obersten, aus Holz errichteten Ränge dazudenken) und einer Bühne, deren Aufbauten wohl bis zu drei Stockwerke hoch gewesen sein müssen. Nordöstlich bietet der heute von Macchia, Lorbeer und Steineichen überwucherte Steinbruch **Latomia del Paradiso** einen idyllischen Anblick. Ab dem 6. Jh. wurde hier Kalkstein unterirdisch abgebaut; die immer tiefer wachsenden Höhlungen brachen aber ein. Im Nordwesten der Latomia del Paradiso wird der Eingang zu einem 60 m tiefen und bis zu 23 m hohen Stollen **Ohr des Dionysios** genannt, weil seine Form an ein Ohr erinnert und sich darin alles Gesprochene um ein Vielfaches verstärkt (tgl. 9.00–18.00, Winter 9.00–15.30 Uhr).

RESTAURANT

€ € € **Jonico – ‚a Rutta e' Ciauli TOPZIEL**, Riviera Dionisio il Grande 194, Tel. 09 31 65 54 0, im Winter Di. geschl. Das beliebte Strandrestaurant liegt etwas außerhalb, ist aber schon seit Jahren für die konstante Qualität seiner guten sizilianischen Küche berühmt.

UNTERKUNFT

€ € € € **Roma**, Via Roma 66, Tel. 09 31 46 56 30, www.hotelromasiracusa.it. Dezenter Luxus im Herzen Ortigias; elegant eingerichtete Zimmer, tadelloser Service und ein gelobtes Restaurant.
€ € **B&B Aretusa Vacanze**, Vicolo Zuccala 1, Tel. 09 31 48 34 84, www.aretusavacanze.com. Dieses B&B auf Ortigia erfreut sich dank der hübsch eingerichteten Zimmer und der zentralen Lage großer Beliebtheit. Früh reservieren!

UMGEBUNG

❷ **Palazzolo Acreide** rund 35 km landeinwärts ist ein hübsches Barockstädtchen, dessen wichtigste Sehenswürdigkeit, das antike Akrai, ein Stück außerhalb der Stadt auf einem Hügel thront. Nordöstlich von Palazzo Acreide

INFOS & EMPFEHLUNGEN

liegt die zum UNESCO-Welterbe zählende Sikaner-Nekropole ❸ **Pantalica**, die man von Ferla aus erreicht. Die Felswände der tief in die **Monti Iblei** eingeschnittenen Flusstäler von Anapo und Calcinara sind mit über 5000 Grabkammern durchlöchert, die wohl zwischen dem 13. und dem 8. Jh. v. Chr. entstanden.

INFORMATION
Ufficio Informazioni, Via Maestranza 33, Tel. 0931464255, www.siracusaturismo.net

❹ – ❻ Noto und Umgebung

Die Geschichte von ❹ **Noto TOPZIEL** steht beispielhaft für das Schicksal der Barockstädte im Südosten Siziliens. Das verheerende Erdbeben richtete in der Region 1693 große Schäden an; Städte wie Modica, Ragusa und eben Noto wurden Anfang des 18. Jh. im Stil des Barock neu errichtet. In Noto war Baumeister Rosario Gagliardi (um 1687–1762) am Werk. Danach haben Jahrhunderte der Vernachlässigung die historische Bausubstanz massiv geschädigt.

> **Tipp**
>
> ### Im Spiel der Puppen
>
> Zwei Schulen prägen das sizilianische Marionettentheater: jene aus Palermo und die um das Ende des 19. Jh. von den Brüdern Vaccaro begründete Tradition in ❶ **Syrakus**. Das **Museo Aretuseo dei Pupi** stellt die spezifisch syrakusanische Variante vor, erläutert Entwicklung und Unterschiede, zeigt historische Marionetten und Video-Aufzeichnungen von Vorstellungen der Vaccaro-Brüder, deren Arbeit heute in der Compagnia dei Pupari Vaccaro-Mauceri weiterlebt.
>
>
>
> #### INFORMATION
> Museo Aretuseo dei Pupi, Palazzo Cardona-Midiri, Piazza San Giuseppe, Ortigia/Siracusa, Tel. 09 31 46 55 40, Juni bis Aug. tgl. 11.00–18.00, Sept. bis Dez., März–Mai tgl. 11.00–13.00, 16.00–18.00 Uhr. Piccolo Teatro dei Pupi e delle Figure, Via della Giudecca 17, Siracusa, Tel. 09 31 46 5540, www.pupari.com

Blick auf die doppeltürmige Fassade der Kathedrale und Fassadenschmuck (rechts oben) am Palazzo Nicolaci Villadorata in Noto, Majolikatreppe in Caltagirone (rechts)

SEHENSWERT/MUSEUM
Der Dom **Santi Nicola e Corrado** beherrscht die **Piazza Municipio**. Im Jahr 1696 begonnen, konnte der Bau erst 100 Jahre später beendet werden. Gegenüber schließt das lang gestreckte Rathaus, der ehemalige **Palazzo Ducezio** (1746), die Piazza ab. In der nach Norden abzweigenden Via Nicolaci zeigt der **Palazzo Villadorata** mit seinen aufwendig skulptierten Balkonstützen die Lust des Bauherrn an einem überaus fantasievollen Fassadenschmuck. **San Domenico** (1727) an der **Piazza XVI Maggio** gilt als Meisterwerk des Barockarchitekten Rosario Gagliardi.

RESTAURANT
€ € € **Antico Mercato**, Via Rocco Pirri 30, Tel. 09 31 83 74 32, Mo. geschl. Man speist im eleganten Innenhof eines Palazzo gehobene sizilianische und internationale Spezialitäten.

UNTERKUNFT
€ € € **Albergo la Fontanella**, Via Pilo Rosolino 3, Tel. 09 31 89 47 35, www.albergolafontanella.it. Das hübsche Mittelklassehotel residiert im Herzen der Stadt in einem Palazzo.

UMGEBUNG
Die Barockstadt ❺ **Avola** (8 km östl.) liegt als einzige im Barockdreieck nahe am Meer. Eine Rundfahrt um das ❻ **Capo Passero** (26 km südl.) führt zu Stränden und Hafenstädtchen wie dem idyllischen Marzamemi, in dem früher Thunfisch verarbeitet wurde.

INFORMATION
Ufficio Informazioni, Piazza XVI Maggio, Tel. 0931836744, www.comune.noto.sr.it

❼ – ❿ Ragusa und Umgebung

Die nach Noto zweitwichtigste Barockstadt Siziliens, ❼ **Ragusa**, besteht aus der älteren Unterstadt Ragusa Ibla und der auf einem Felsplateau über den Flüsschen San Domenica und San Leonardo erbauten Neustadt Ragusa Superiore. Letztere wurde nach dem Erdbeben errichtet, erstere nach den Zerstörungen wieder instand gesetzt, weil viele Bewohner sich weigerten, ihre alte Siedlung zu verlassen.

SEHENSWERT/MUSEUM
Bedeutendster Bau in Ragusa Superiore ist der Dom **San Giovanni**, dessen barocke Fassade sich über eine Art aufgemauerter Terrasse erhebt. Das **Museo Archeologico Ibleo** zeigt Funde aus vorgeschichtlicher, griechischer und römischer Zeit (tgl. 9.00–19.00 Uhr). Bei der ursprünglich gotischen, später barockisierten Kirche **Santa Maria delle Scale** führt eine Treppe mit 242 Stufen hinunter nach Ragusa Ibla. Deren Dom **San Giorgio** gilt als eines der schönsten Beispiele spätbarocker Fassadenarchitektur aus der Hand Rosario Gagliardis. Und wie wär's mit einer eisigen Verführung am Domplatz? Bei Gelati DiVini (siehe S. 22) gibt es recht exotische, sehr leckere Eissorten.

RESTAURANT / UNTERKUNFT
€ € € € **Locanda Don Serafino** (Restaurant), Via Giovanni Ottaviano 13, Tel. 09 32 24 87 78, Di. geschl. Küchenchef Vincenzo Candiano serviert edle sizilianische Küche.
€ € € € **Locanda Don Serafino** (Hotel), Via XI Febbraio 5, Tel. 09 32 22 00 65, www.locandadonserafino.it. Wenige hundert Meter vom Restaurant entfernt erwartet den Gast verschwenderischer Luxus in einem historischen Stadtpalais von Ragusa Ibla.

UMGEBUNG
Wie Ragusa besteht auch ❽ **Modica** (8 km südöstl.) aus Ober- und Unterstadt. Anders als im verschlafenen Ragusa geht es entlang des Corso und in den Gassen von Modica Bassa recht geschäftig zu. Unbestrittener Höhepunkt ist der Duomo San Giorgio, vom Corso aus über 250 Stufen den Hang hinauf zu erreichen. ❾ **Scicli** (10 km südwestl. von Modica) ist trotz Welterbe-Status eine noch unbekannte Schöne: Die Piazza Italia beherrscht die Chiesa Madre di Sant' Ignazio. Bizarre Fratzen und Köpfe am Balkon des Palazzo Beneventano sind Ausdruck der Dekorleidenschaft des ausgehenden 18. Jh. Das noch aus dem 14. Jh. stammende Schloss ❿ **Donnafugata** (16 km südwestl. von Ragusa) gilt als jener Ort, an dem Giuseppe Tomasi di

Lampedusa Szenen seines Romans „Der Leopard" ansiedelte (Di.–So. 9.00–13.00, 14.45 bis 19.00, Winter Di., Do., Sa. 9.00–13.00, 14.45 bis 16.30, Mi., Fr., So. 9.00–13.00 Uhr).

INFORMATION
Ufficio Informazioni Ragusa Superiore, Piazza San Giovanni, Tel. 09 32 68 47 80, www.ragusaturismo.it, www.comune.ragusa.gov.it; Ufficio Ragusa-Ibla, Piazza Repubblica.

⑪ – ⑫ Villa Romana del Casale, Caltagirone

Auch die 1950 freigelegte ⑪ **Villa Romana del Casale TOPZIEL** in der Nähe des zentralsizilianischen Städtchens Piazza Armerina zählt zum UNESCO-Welterbe.

SEHENSWERT
Das um das Jahr 300 n. Chr. erbaute, 3500 m² große Herrenhaus birgt hervorragend erhaltene Mosaiken an Böden und Wänden. Eigentümer war wahrscheinlich Kaiser Maximilianus Herculius, der – das legen die Motive der Mosaiken nahe – von der Villa aus auf Jagd ging. Einheimisches und afrikanisches Wild ist in den Bildern verewigt. Berühmtestes Motiv sind die Bikini-Mädchen, junge Damen, die in ihren Sportkostümen ganz und gar modern wirken (www.villaromanadelcasale.it, tgl. 9.00–19.00, Juli/Aug. bis 23.00, Winter bis 17.00 Uhr).

UNTERKUNFT/RESTAURANT
€ € € **Mosaici**, C.da Paratore, Tel. 09 35 68 54 53, www.hotelmosaici.com. Das moderne Haus liegt nur 1 km von der Villa entfernt; im angeschlossenen Restaurant kann man gut essen.

UMGEBUNG
Die Fahrt ins rund 30 km südöstlich gelegene ⑫ **Caltagirone** eröffnet einen Einblick in die Keramiktradition Siziliens. Die Hauptsehenswürdigkeit ist die dekorative Treppe Santa Maria del Monte, die im Jahr 1608 mit 142 majolikaverkleideten Stufen erbaut wurde, um die Unterstadt mit der Oberstadt zu verbinden.

INFORMATION
Ufficio Informazione, Piazza Armerina, Via Generale Mascara 47, Tel. 09 35 68 02 01, www.villaromanadelcasale.it

Tipp
Die besten ...

... Arancine (Reisbällchen) sowie eine leckere Torta Savoia genießt man in der Pasticceria Di Pasquale in Ragusa Ibla.

INFORMATION
Corso Vittorio Veneto 104, www.pasticceriadipasquale.com

Genießen Erleben Erfahren

Wanderung durch die Pantalica-Schlucht

Zwischen den Jahren 1200 und 700 v. Chr. schlugen Sikaner und Sikuler Grabhöhlen für ihre Toten in den Fels der Anapo-Schlucht. Später wurden viele der über 5000 Kammergräber von Byzantinern besiedelt. Auf den Spuren längst versunkener Zivilisation führt diese Wanderung vorbei an Grabhöhlen, Höhlenkirchen und durch Macchia zum Anapo-Fluss.

Ausgangspunkt der Wanderung durch die ③ **Pantalica-Schlucht** ist das Anaktoron, ein Fürstensitz aus dem 11. Jh. v. Chr. Die Wanderung führt den von Kammergräbern durchlöcherten Hang rund 200 Höhenmeter hinunter ins Tal zum Fluss Calcinara, der von Stein zu Stein hüpfend überquert wird. Manchmal zeigt sich hier die flinke, auffällig grün leuchtende Smaragdeidechse. Danach geht's rund 100 Höhenmeter hinauf, stets mit Blick auf die Felswände, über denen gelegentlich ein Wanderfalke kreist. Ein Metalltor ist zu überwinden, der Weg führt über eine Weide und wendet sich an einem verfallenen Haus bergab ins Tal des Anapo, den man wie den Calcinara auf Trittsteinen überquert.

Flussaufwärts erreicht man nun den Zusammenfluss von Calcinara und Anapo, folgt dem Fluss weiter und trifft auf eine ehemalige Bahntrasse. Im Frühsommer stehen Orchideen und Kapernbüsche in Blüte; der Oleander ist bis zu fünf Meter hoch. Erneut muss der Anapo überquert werden, ein Tunnel ist zu passieren, dann ist nach rund zwei Stunden Gesamtwanderung die Bahnstation Pantalica erreicht, heute ein Museum. Kurz danach wendet sich der Pfad in Serpentinen bergauf, passiert die byzantinische Felsenkirche S. Nicolicchio, anschließend den Anaktoron und endet nach rund drei Stunden auf dem Parkplatz.

Farbtupfer am Wegesrand

Weitere Informationen

Ausgangspunkt Von Ferla in Richtung Sortino (bzw. Pantalica), Parkplatz oberhalb des Anaktorons

Dauer und Schwierigkeit Ungefähr 3 Std., mittelschwere Wanderung, Trittsicherheit erforderlich, Markierung kaum vorhanden

Museum Immer zugänglich

Achtung Badeverbot in den Flüssen!

Afrika ante portas

Siziliens Süden und Westen waren weitaus stärker den Kulturen, Traditionen und Aromen des Nahen Ostens und Nordafrikas ausgesetzt als der Rest der Insel: Als erste Kolonisten kamen Phönizier aus dem heutigen Libanon, ihnen folgten Karthager aus Tunesien, und als Asad ibn al-Furat im Jahr 827 mit seinem Heer in Mazara del Vallo landete, betraten Araber, Berber, Andalusier und Perser sizilianischen Boden.

Als Musterbeispiel eines klassischen dorischen Tempels gilt der Tempel E (um 465–450 v. Chr.) im östlichen Tempelbezirk von Selinunt.

Nahe der heutigen Stadt Agrigent findet man im Valle dei Templi (hier mit dem Dioskurentempel) die imposanten Überreste von Akragas, einer der bedeutendsten griechischen Handelskolonien im Mittelmeerraum. „Schönste der Sterblichen" nannte der griechische Lyriker Pindar die antike Stadt.

TRAPANI UND DER WESTEN

Um 430 v. Chr. wurde der Concordiatempel errichtet (oben). Der liegende Atlant (Mitte) trug einst das Gebälk des Zeustempels. Unten: Etwas abseits thront der Heratempel (um 450 v. Chr.).

Das Gurren von Tauben und das schläfrige Zirpen der Zikaden schwebt über dem Tal unterhalb des Dioskurentempels. Zitronen- und Orangenbäumchen spenden Schatten für Minze und Tomaten, Oliven und Granatäpfel reifen heran, Ginster und Myrte verströmen Duftkaskaden; dazwischen plätschert Wasser in einem komplizierten Netz von Kanälen. Vor 2500 Jahren mag dieser Garten noch viel üppiger gewesen sein. Er versorgte die Bewohner des antiken Akragas mit Obst und Gemüse und wurde aus unterirdischen Zisternen gespeist. Als Bauleute der Wasserleitung zum Kolymbetra-Garten dienten karthagische Sklaven. Die Tyrannen Theron von Akragas und Gelon von Gela hatten 480 v. Chr. mit ihrem Sieg über Karthago bei Himera Tausende von Gefangenen gemacht und das enorme Reservoir menschlicher Arbeitskraft effektiv genutzt – auch dafür, dieser Schlacht ein monumentales Denkmal zu setzen: einen Tempel, der alles bisher Gesehene in den Schatten stellen sollte, geweiht dem Olympischen Zeus.

Im Tal der Tempel

Sie „essen, als ob sie morgen sterben, und sie bauen, als ob sie ewig leben wollten", sagte der aus Akragas stammende Philosoph Empedokles über seine Mitbürger. Diesem Bauen für die Ewigkeit verdanken wir, dass wir uns heute eine recht plastische Vorstellung von der Größe und Bedeutung der antiken Stadt machen können, die ein ganzes Tal, das zum Welterbe der UNESCO gehörende Valle dei Templi unterhalb des modernen Agrigent, ausfüllt. Rund 200 000 Menschen lebten im 5. Jahrhundert v. Chr. auf dem Höhepunkt seiner Blüte in Akragas. Zeitweise wurde damals an fünf Tempeln gleichzeitig gebaut. Der größte war mit 56 auf 113 Metern der Siegestempel für den Olympischen Zeus. Über seine Säulen schrieb Goethe 1787: „Zweiundzwanzig Männer, im Kreise nebeneinander gestellt, würden ungefähr die Peripherie einer solchen Säule bilden." Der-

Religiöser Höhepunkt des Jahres ist für jeden Sizilianer die Karwoche *(Settimana Santa)*. Besonders inbrünstig werden die Osterprozessionen in Trapani gefeiert (ganz oben und rechte Seite: *Processione del Giovedí Santo* am Gründonnerstag). Höhepunkt der Festlichkeiten ist dort am Karfreitag die *Processione dei Misteri* (oben und rechts), bei der 20 hölzerne Statuengruppen rund 20 Stunden lang durch die Stadt getragen werden. Für jede dieser lebensgroßen, verschiedene Stationen der Leidensgeschichte Christi verkörpernden Figurengruppen ist eine andere Zunft der Stadt verantwortlich.

„Meine Seele ist zu Tode betrübt. Bleibt hier und wacht!" (Das Evangelium nach Markus, 14,34)

gleichen Monumentalität demonstrierte der antiken Welt und besonders dem Mutterland, dass die Kolonie zu einem eigenständigen Machtzentrum herangewachsen war. Architektur und Gestaltung verrieten aber auch, dass längst Einflüsse der karthagischen Nachbarn das griechische Akragas prägten. Als die Karthager 406 v. Chr. Akragas eroberten, war der Tempel des Olympischen Zeus noch nicht vollendet. Sie zerstörten ihn umgehend.

Karthager und Griechen

Phönizier und in ihrer Nachfolge Karthager, die zwischen dem 10. und 3. Jh. v. Chr. die westliche Hälfte Siziliens besiedelten, sind in Vielem, was ihre Kultur und Religion angeht, ein Rätsel geblieben. Ihre höchsten Gottheiten, Baal-Hammon und Tanit, verehrten sie im Verborgenen, in abgeschlossenen Tempelräumen; blutige Opfer sollen die „Barbaren" ihren Gottheiten an einem „Tophet" genannten Opferplatz dargebracht haben, wie man ihn auf der Insel Mozia, dem karthagischen Mothye an der Westküste Siziliens, noch sieht. Mozia ist eine der wenigen Siedlungen an den Mittelmeerküsten, die etwas über die geheimnisvolle Kultur verraten. Hier ist auch der künstlich angelegte Hafen Kothon erhalten, der typisch war für karthagische Handels- und Flottenstützpunkte. Der Ort selbst, eine flache Insel mit Zugang zum Festland, bot aus Karthagos Sicht ideale Bedingungen. Als Mozia im Jahr 397 v. Chr. aufgegeben werden musste, wählten die Flüchtlinge das nahe Kap Boeo, heute Marsala, als ähnlich leicht zu verteidigenden Stützpunkt.

Anders als die geheimnisvollen Kulte der Karthager waren fast alle rituellen Handlungen in der griechischen Kultur transparent. Der Säulenumbau ermöglichte einen Blick ins Innere des Tempels, der Opferaltar stand häufig davor – im Falle des Zeus-Tempels maß er 54 auf 17 Meter. Nur das Götterstandbild und die direkt darauf bezogenen Riten blieben in der Cella, dem ummauerten Allerheiligsten, verborgen. Im Sizilien des 5. Jh. v. Chr. änderte sich das: Am Tempel des Olympischen Zeus war den Gläubigen nach karthagischem Vorbild der Blick ins Tempelinnere versperrt. Die Freiräume zwischen den 18 Meter hohen Säulen wurden bis zur halben Höhe zugemauert. Darüber stemmten Atlanten, deren Gesichter karthagische Züge trugen, das Gebälk. Auch umgekehrt fand kulturelle Durchdringung statt: Den berühmten Jüngling von Mozia, eine meisterliche Marmorstatue aus dem 5. Jh. v. Chr., scheint ein griechischer Künstler für einen karthagischen Auftraggeber angefertigt zu haben. Stil und Bearbeitung sind griechisch, das skulptierte, transparent wirkende Gewand, durch das man das marmorne Muskelspiel erkennt, entsprang karthagischer Mode.

Afrikanisches Sizilien

Als *un pezzo di Tunisi pigliato e portato paro paro in Sicilia* – ein Stück Tunesien, das eins zu eins nach Sizilien versetzt wurde – beschreibt der in Porto Empedocle geborene Krimiautor Andrea Camilleri das arabische Viertel von Mazara del Vallo. Er hat nicht unrecht, denn in den schmalen Gassen zwischen Hafen und Corso Umberto riecht es eher nach Couscous, Lamm und orientalischen Gewürzen als nach *Spaghetti alla siciliana*. Siziliens Westen war im Jahr 827 Einfallstor für die von Tunis übersetzende arabische Flotte und blieb auch nach der

Ihre höchsten Gottheiten verehrten sie im Verborgenen.

Krieger, Priester oder Gott? Der „Jüngling von Mozia", eine rund 2500 Jahre alte, im Jahr 1978 auf der heute „San Pantaleo" genannten Insel Mozia gefundene Marmorstatue in lichtem, das rechte Spielbein kess freigebendem Plissee, gibt bis heute Rätsel auf.

Literarisches Sizilien

Il Commissario und der Leopard

Seit Mitte der 1990er-Jahre schickt der in Porto Empedocle geborene Schriftsteller Andrea Camilleri seinen Commissario Montalbano auf Verbrecherjagd durch Sizilien. Viele Schauplätze wie Agrigents Tal der Tempel, Selinunt oder Merfi (Menfi) und Fela (Gela) sind in den spannenden und vor Lokalkolorit strotzenden Kriminalromanen Camilleris unschwer zu identifizieren. Aber die Hauptorte des Geschehens, Montelusa und Vigata, werden enthusiastische Leser vergebens auf der sizilianischen Landkarte suchen. Wenn sie sich allerdings etwas genauer in Porto Empedocle umsehen, werden sie in der Hafenstadt mit ihrem schäbigen Charme Camilleris Vigata wiedererkennen und in der Via Roma auf Commissario Montalbanos Lieblingsrestaurant San Calogero treffen. Agrigents historisches Zentrum lässt sich bei näherer Betrachtung relativ gut mit Montelusa abgleichen, in dessen Polizeihauptquartier, der Questura, Montalbano meist so unter der sizilianischen Hitze leidet, dass er sich in sein Haus am Meer in Marinella (di Selinunte) flüchtet.

Literarische Schauplätze im Westen und Süden Siziliens sind auch

Donnafugata: Literarisches Domizil

dem Altmeister der sizilianischen Familiensaga, Giuseppe Tomasi di Lampedusa, und seinem „Gattopardo" zu danken. Da ist jener berühmte Palast von Donnafugata bei Noto, in dem der junge Giuseppe gelegentlich zu Besuch weilte. Und da ist Palma di Montechiaro westlich von Agrigent, wo die Familie derer von Lampedusa seit dem 16. Jahrhundert in einem düster-strengen Palazzo Ducale residierte. Und dann noch das schwer vom Erdbeben im Jahr 1968 getroffene Santa Margherita di Belice, in dem nur der Fürstenpalast den Erdstößen widerstand. Giuseppe Tomasi di Lampedusa soll hier die glücklichsten Jahre seiner Kindheit verlebt haben.

Mit Manuskripten des Autors des „Leoparden", Fotos von den ehemaligen Bewohnern des Palastes wie dem ursprünglichen Santa Margherita und sogar mit einem kleinen Wachsfigurenkabinett der Hauptfiguren versucht man im Ort, ein bisschen am Ruhm des Romans teilzuhaben. Teilhaben möchte man auch noch in vielen anderen Palazzi – als angebliche Location der Verfilmung des „Gattopardo" durch Luchino Visconti (1963). Gedreht wurde damals allerdings hauptsächlich in Palermo.

Eroberung und Re-Christianisierung durch die Normannen deutlich arabisch geprägt.

Dass heute eher Couscous als Pasta auf den Speisekarten der Restaurants von Mazara, Marsala und Trapani zu finden ist, mag zwar seine Wurzeln in dieser historischen Epoche haben, aber die modernen Zuwanderer haben dabei sicherlich auch ihren Anteil. Trotz der restriktiven italienischen Einwanderungspolitik und der Gefahr, in den überladenen, untauglichen Booten Schiffbruch zu erleiden und zu ertrinken, zumindest aber sich umsonst in Lebensgefahr gebracht zu haben und zum Abdrehen und zur Rückkehr gezwungen zu werden, ist Sizilien und besonders das vorgelagerte Lampedusa der erste Anlaufpunkt für Migranten aus Libyen, Tunesien und Marokko. Allerdings sehen die meisten *Boatpeople* die Insel nur als eine Durchgangsstation ins gelobte Norditalien. Wer hier auf Sizilien hängen bleibt, verdingt sich zumeist in der Fischindustrie.

Riten und Fürbitten

Es ist eine Geschichte von Überfahrten und Stürmen, die man sich erzählt, wenn es um die Madonna von Trapani geht. Tempelritter aus Pisa sollen die Marmorstatue aus einer syrischen Kirche vor den Ungläubigen gerettet haben. Mit ihr an Bord schafften sie es jedoch nicht, an Trapani vorbeizusegeln. Erst als sie die Madonna an Land ließen, konnten sie heimkehren, und so wurde die gotische Marmorstatue zur Schutzheiligen der Stadt. Ihr großer Festtag ist der 16. August, der Tag nach Mariä Himmelfahrt. Seit dem Jahr 1524 ist der Brauch bezeugt, die Statue am 16. August in einer Prozession durch die Straßen Trapanis zu tragen. Heute wird aber nur noch eine Replik mitgeführt. Denn angesichts der leidenschaftlichen Verehrung ihrer verzückten Begleiter fürchtet man um das kostbare Kunstwerk des Bildhauers Nino Pisano (1349–1368).

Die 20 *misteri* hingegen, die von Karfreitagnachmittag bis Karsamstag in schier endlosen Prozessionen und begleitet von

Gela: Soll nur kommen, der Commissario

An der Küste zwischen Trapani und Marsala breiten sich große Salinenfelder aus: Schon seit dem 15. Jh. gehört hier die Salzgewinnung durch Trocknung zu den lukrativsten Wirtschaftszweigen. Ganz oben: Um das Trocknen zu gewährleisten und gleichzeitig das Verwehen zu verhindern, werden die Salzhügel mit Ziegeln bedeckt. Oben: Das „weiße Gold" in kristalliner Form. Rechts: Restaurierte Windmühlen zieren die faszinierende Kulturlandschaft der Salinen, die zugleich ein Paradies für Zugvögel ist.

„Erst dann bist du wirklich daheim auf Sizilien, wenn du sieben Handvoll Salz zu dir genommen hast."

Sizilianisches Sprichwort

Auf der Piazza della Repubblica in Marsala vereinen sich der Palazzo Pretorio (16. Jh.) mit seiner doppelstöckigen Arkadenfront und der im 17./18. Jh. über den Resten eines normannischen Vorgängerbaus errichtete Dom San Tomaso zu einem beeindruckenden architektonischen Ensemble.

Fürwahr, ein Hundeleben: in Trapani

Marsalaprobe in Marsala: In der Enoteca La Sirena Ubriaca in der Via Giuseppe Garibaldi 39 wird einem so mancher gute Tropfen serviert.

Am Corso Vittorio Emanuele in der Altstadt von Trapani

> Trapanis Cosa Nostra gilt als die mächtigste nach der der Palermitaner.

Trauermärschen durch Trapani geschleppt werden, sind echt. Die schweren, lebensgroßen Holzfiguren stammen aus dem 16./17. Jahrhundert und werden von Mitgliedern der Bruderschaft San Michele in roten Gewändern und weißen Kapuzen mit Sehschlitzen eskortiert.

Die neuen Paten
Derlei Kostümierung braucht die Mafia heute nicht mehr. Trapanis Cosa Nostra jedenfalls gilt als die mächtigste nach der der Palermitaner, und ihr Boss, Matteo Messina Denaro (Jahrgang 1962), dürfte den im Jahr 2006 verhafteten Padrone Bernardo Provenzano im gesamtsizilianischen Amt beerbt haben. Denaro vertritt die „moderne" Mafia der lautlosen Drogen-, Schutzgeld- und Finanzgeschäfte. Trotz deutlicher Spuren – Kreditkartenzahlungen, Affären – ist Denaro seit dem Jahr 1993 „auf der Flucht". Salvatore Lo Piccolo, der als Nummer zwei der sizilianischen Cosa Nostra galt, wurde im November 2007 festgenommen; sein Nachfolger, Domenico Raccugli, im November 2009. 2014 konnte zumindest ein neues Phantombild des flüchtigen Cosa-Nostra-Chefs Denaro veröffentlicht werden. Wahr aber bleibt, worauf sizilianische Staatsanwälte immer wieder hinweisen: dass jeder erfolgreiche Schlag gegen die Mafia folgenlos bleiben muss, solange er rein polizeilicher Natur ist und die bestehenden Verbindungen zwischen Mafia und Politik unangetastet lässt.

DUMONT
THEMA

COSA NOSTRA

Wo die Gewalt regiert

Tief verwurzelte Traditionen, ein absolutistischer Ehrbegriff, in Jahrhunderten geschulter Machismo, das Ganze gepaart mit hoher krimineller Energie zum Wohl und Schutz der eigenen Familie – das sind einige der Elemente, die die Mafia in Sizilien am Leben halten. Die Mafia ist ein internationales Phänomen, doch auf der Insel schlägt ihr Herz.

Freitagmittag in Gela: Der Platz um die Kathedrale ist für den Verkehr gesperrt, Menschen stehen in Grüppchen zusammen. Die Männer im schwarzen Anzug und Hut begrüßen sich mit knappem Händedruck, die älteren Frauen haben ihr Haar unter Spitzenschleiern verborgen. Ein Trauerzug nähert sich: Priester, Sargträger, eine Blaskapelle, Angehörige und Freunde, schwarze Sonnenbrillen im Gesicht. Gemessen am Auftrieb muss das ein wichtiger Toter sein. Mafia? Gela gilt als Hochburg der ehrenwerten Gesellschaft!

International vernetzt

Auch wenn die Mafia längst in ganz Italien und international vernetzt operiert, glaubt man sich der kriminellen Organisation nirgends so nah wie auf Sizilien. Hinter jedem freundlichen Kellner könnte ein Erpresser stecken, hinter dem Bauern im Olivenhain der gesuchte *Capo di tutti i Capi*. Ganz falsch ist diese Vorstellung nicht, denn die meisten Mitglieder der Mafia sind ganz normale Gewerbetreibende oder Landwirte. Organisiert ist die Cosa Nostra, wie ihre Mitglieder sie nennen, in „Familien", die jeweils einen Ort kontrollieren. An der Spitze der rund 200 sizilianischen Familien steht der erwähnte Capo di tutti i Capi. Neben Schutzgelderpressung und Entführungen spielt seit den 1960er-Jahren der Drogenhandel die wirtschaftlich wichtigste Rolle; auch mit Flüchtlingen lässt sich schmutziges Geld machen.

Die Cosa Nostra hat zwar Regeln, an die sich alle Familien halten, doch wurden die Gesetze der vermeintlichen Ehre im Spiel um die Macht oft übertreten: Anfang der 1980er-Jahre begannen die Corleonesi unter ihrem Capo Totò Riina einen gnadenlosen Krieg gegen konkurrierende Bosse und den Staat. Riina setzte sich schließlich durch. Giovanni Falcone, der im Jahr 1992 ermordete Mafia-Jäger, schätzte, dass innerhalb von zwei Jahren rund 1000 Menschen ihr Leben verloren. Das Schlachten hatte Folgen: Die Zahl der *pentiti*, der Überläufer, stieg. Totò Riina wurde 1993 verhaftet, sein Nachfolger Bernardo Provenzano ging den Ermittlern 2006 ins Netz. Der aktuelle Boss, Matteo Messina Denaro aus Trapani, ist seit über 20 Jahren flüchtig. Nur ab und an gelingt ein Blick hinter die ehrenwerte Fassade: So flog bei einer Razzia 2015 in Palermo auch ein korrupter Polizeikommissar auf.

Misstrauen und Wut

Begegnet man der Mafia auf Sizilien? Ist ihr Klammergriff verantwortlich für das Misstrauen in den Gesichtern der Alten, für die Wut in den Zügen der Jungen, die keine Perspektive haben unter der erstickenden Glocke von Tradition, Religion und Armut? Wer verdient an den Autobahnauffahrten, die abrupt im Nichts enden, an den Bauruinen entlang idyllischer Strände?

Die Cosa Nostra, so sagt man, ist überall, aber begegnet sind wir ihr, jedenfalls wissentlich, nie.

Polizeiliche Durchsuchung des Hauses, in dem sich „der Pate der Paten", Bernardo Provenzano, versteckt hielt.

Linke Seite: Bernardo Provenzano am Tag seiner Verhaftung vor einer Polizeistation in Palermo. Mehr als die Hälfte seines Lebens, 43 Jahre lang, war er zu diesem Zeitpunkt auf der „Flucht" gewesen, „in Abwesenheit" hatte man ihn bereits zu insgesamt 250 Jahren Gefängnis verurteilt. Gefasst wurde er schließlich nur zwei Kilometer vom Zentrum des Bergstädtchens Corleone entfernt, seinem Geburtsort.

Mafiaboss Salvatore „Totò" Riina in Palermo vor Gericht

> „In einem italienischen Lokal riskiert man allenfalls, eine schlechte Pizza zu essen. Die Interessen der Mafia sind so groß geworden, dass eine Pizza zu klein ist."
>
> Leoluca Orlando

Sinn und Sinnlichkeit

Die Völker, die Siziliens Antike mit majestätischen Tempeln und harmonischen Theatern bereicherten, hatten ein Händchen für die richtige Location. So wird der Besuch von Segesta oder Agrigent nicht nur zum kulturhistorisch sinnvollen, sondern auch zu einem sinnlich anregenden Erlebnis.

❶ Agrigent

Das im 6. Jh. von Kolonisten aus Gela gegründete Akragas muss eine der strahlendsten Städte Siziliens gewesen sein; die noch erhaltenen Tempel im Valle dei Templi, seit 1997 Weltkulturerbe, sind dafür beredtes Zeugnis.

SEHENSWERT/MUSEUM

Im modernen Agrigent (55000 Ew.) lohnt die Besichtigung der hübschen, von Läden, Cafés und Restaurants gesäumten **Via Atenea** und des **Doms** mit seinen normannischen Wurzeln und barockem Chor. Das **Museo Archeologico Regionale** auf halbem Weg hinunter ins Tempeltal zeigt eine Rekonstruktion des Zeus-Tempels, einen der Atlanten, die den Tempel stützten, und den berühmten „Epheben von Agrigent" aus dem 5. Jh. v. Chr. (Mo.–Sa. 9.00 bis 19.00 Uhr). Zur östlichen Ausgrabungszone gehören drei Tempel im **Valle dei Templi** TOPZIEL, zu denen eine Straße bergan führt: Erster im Bunde ist der um 500 v. Chr. erbaute **Herakles-Tempel**, dessen acht südliche Säulen 1923 wiederaufgerichtet wurden. Nahezu komplett steht der etwas kleinere **Concordia-Tempel** auf seiner Anhöhe, errichtet um 425 v. Chr. Letzter ist der **Tempel der Juno Lacinia**, von dessen 78 ursprünglich vorhandenen Säulen noch 25 stehen. Im westlichen Teil der archäologischen Zone begegnet man einem auf den ersten Blick völlig unidentifizierbaren Trümmerhaufen, dem **Tempel des olympischen Zeus**. Ihn schmückten 18 m hohe Säulen mit einem Durchmesser von etwa 4 m, die Grundfläche betrug 56 auf 113 m. Der Säulenumgang war bis zur halben Höhe zugemauert. Auf dieser Verfüllung standen die das Dach stützenden Atlanten. Beliebtes Fotomotiv sind die zierlichen Säulen des **Dioskuren-Tempels**, der Teil des Heiligtums der chthonischen Gottheiten war. Über arabische Bewässerungs- und Gartenbaumethoden informiert der lauschige **Giardino della Kolymbetra** unterhalb der archäologischen Zone (Ausgrabungsgelände tgl. 8.30–19.00, Giardino Juli bis Sept. 10.00–19.00, April–Juni bis 18.00, Okt., März bis 17.00, Nov., Dez., Feb. 11.00–15.00 Uhr, Jan. geschl.).

Frühlingserwachen in antikem Rahmen: oben links der Herakles-Tempels im Valle dei Templi, oben rechts der Concordia-Tempel in Agrigent; rechts ein Fundstück im Museo Archeologico Regionale (Agrigent).

RESTAURANTS

€ € € **Kalos**, Piazza San Calogero, Tel. 09 22 26 38 9, So. geschl. Die dezent-elegante Atmosphäre, das nette Personal und geschickt modernisierte sizilianische Rezepte lassen den Abend zum kulinarischen Erlebnis werden.
€ € **Kókalos**, Via Magazzeni 3, Tel. 09 22 60 64 27. Ewas außerhalb in Richtung San Leone; gute, solide Küche zu relativ günstigen Preisen mit Blick übers Tempeltal.

UNTERKUNFT

€ € € € **Baglio della Luna**, C.da Maddalusa, Tel. 09 22 51 10 61, www.bagliodellaluna.com. Ein altes Herrenhaus mit komfortabler Einrichtung, gutem Restaurant und einem herrlichen Blick aufs Tal der Tempel. Etwas günstiger und ebenso stilvoll wohnt man in der Dependence Domus Aurea.
€ € € **Terrazze di Montelusa**, Piazza Lena 6, Tel. 09 22 28 56 6, www.terrazzedim Palermitanontelusa.it. Ein wunderbar geschmackvolles B&B gleich beim Dom, mit viel Liebe zum Detail und einem charmanten Gastgeber.

INFORMATION

Ufficio Relazioni con il Pubblico, Piazza Aldo Moro 1, Tel. 0800 31 55 55

❷ Sciacca

Steil staffeln sich die Häuser der Altstadt von Sciacca den Hang über dem Meer hinauf. Von Selinunt gegründet, später Karthagern und Römern untertan, war der Ort wegen seiner heilkräftigen Thermalquellen berühmt.

SEHENSWERT

Mittelpunkt der Stadt ist die wie eine Terrasse über dem Meer angelegte **Piazza A. Scandaliato**. Am **Corso V. Emanuele** zieht der wuchtige, 1501 erbaute **Palazzo Steripinto** die Aufmerksamkeit auf sich. Unweit der Stadt hat der Künstler Filippo Bentivegna (1888–1967) in jahrelanger Kleinarbeit den Garten seines **Castello Incantato** mit zahllosen in Stein gemeißelten Gesichtern von Menschen und Dämonen in einen magischen Ort verwandelt (tgl. 9.30–20.00 Uhr).

RESTAURANT

€ € € € **Hostaria del Vicolo**, Vicolo Sammaritano 10. Tel. 09 2 52 30 71, Mo. geschl. Slowfood

INFOS & EMPFEHLUNGEN

sizilianisch mit fantasievollen, delikaten Gerichten. Besonders lecker: Fisch!

UNTERKUNFT
€ € € **B&B Al Moro**, Via Liguori 44, Tel. 09 2 5867 56, www.almoro.com. Zauberhafte Unterkunft im Herzen der Altstadt mit modern und individuell eingerichteten Zimmern.

INFORMATION
Ufficio Informazioni, Via Vittorio Emanuele 87, Tel. 092 52 04 78

❸–❹ Castelvetrano und Umgebung

Als landwirtschaftliches Zentrum bewährt sich die Stadt ❸ **Castelvetrano** seit der Antike – hier lagerten einst die Vorräte für Selinunte.

SEHENSWERT/MUSEUM
Lohnend ist ein Besuch beim „Epheben von Selinunt" im **Museo Civico**. Allerdings befindet sich der schöne Bronzejüngling aus dem 5. Jh. v. Chr. häufig auf Reisen! Etwas außerhalb westlich in Richtung Lago della Trinità verbirgt sich ein normannisches Schmuckstück, die **Chiesa SS. Trinità** auf dem Landgut der Familie Saporito. Auf quadratischem Grundriss errichtet und von einer zentralen Kuppel überwölbt, verrät die Kirche byzantinischen wie arabischen Einfluss (9.00–13.30, 16.00–20.00 Uhr, Schlüssel im Landgut).

UMGEBUNG
Die Ruinenstätte von ❹ **Selinunte** liegt 11 km südlich auf Terrassen oberhalb des Meeres. Griechen aus Megara Hylbea gründeten den Ort im 7. Jh. v. Chr. als Vorposten gegen die Karthager im eigentlich karthagischen Westteil der Insel. Da bis heute nicht bekannt ist, welche Götter in den jeweiligen Tempeln verehrt wurden, sind diese mit Buchstaben bezeichnet. Vom Parkplatz besichtigt man zunächst die östlichen Tempel E, G und F auf dem Marinella-Plateau: E ist mit 25 auf 67 Metern der kleinste und – Mitte des 5. Jh. erbaut – auch der jüngste der Tempelgruppe. In den 1950er-Jahren wurden seine Säulen wiederaufgerichtet und ein Teil des Gebälks wurde aufgesetzt. Die Spuren der Cella, in der die Götterstatue stand, sind noch deutlich zu erkennen. Um 530 v. Chr. entstand der benachbarte Tempel F, in etwa gleich groß wie E. Auch hier waren die Zwischenräume zwischen den Säulen bis etwa zur halben Höhe zugemauert und so der Blick auf das rituelle Geschehen im Inneren versperrt. Gigantisch war Tempel G, an dem die Selinunter ab 520 v. Chr. bauten. Heute sieht man nur noch ein chaotisches Wirrwarr von Säulenbruchstücken, Kapitellen und Steinen, die das 50 auf 110 Meter messende Fundament bedecken. Mit dem Auto fährt man dann zum zweiten Ausgangspunkt unterhalb der Akropolis: Die Stadt war schachbrettartig um zwei kreuzende Hauptstraßen angelegt und von einer hohen Stadtmauer geschützt. Von

Weinkeller Cantina Pellegrino in Marsala (oben links), antikes Erbe in Selinunt (oben rechts), am Strand in San Vito Lo Capo (rechts)

den Tempeln A, O und B sind nur noch für Laien unidentifizierbare Reste geblieben. Tempel C hingegen hat man 1927 zu Teilen wieder aufgebaut.

RESTAURANT
€ € € **La Pineta**, Spiaggia, Marinella di Selinunte, Tel. 09 24 46 82 0. Direkt am Strand – im Sommer einer der Hotspots für beste Fischküche und entspannte Atmosphäre.

UNTERKUNFT
€ € € **Villa Sogno**, SS115, zwischen Selinunt und Castelvetrano, Tel. 09 24 94 10 38 , www.villasogno.it. B&B in einer historischen Villa mit wunderschönem Garten.

INFORMATION
Ufficio Informazioni, Piazza Carlo d'Aragona, Tel. 0924902004

❺–❼ Marsala und Umgebung

Dem süßen Dessertwein verdankt die Hafenstadt am Westkap Siziliens ihre Bekanntheit. Geschäfte und Kellereien, in denen Besucher Marsala verkosten können, gibt es in der Stadt ❺ **Marsala** und Umgebung zuhauf.

SEHENSWERT/MUSEUM
Sehenswertes wie der barocke, aus einem normannischen Bau hervorgegangene Dom **San Tomaso** oder das **Museo degli Arazzi** (flämische Wandteppiche aus dem 16. Jh., Di.–Sa. 9.30–13.00, 16.00–19.00, So. 9.30–12.30 Uhr) lohnen den Abstecher in die schmucke Hafenstadt, die 397 v. Chr. von Karthagern gegründet wurde. Im **Archäologischen Museum Baglio Anselmi** ist besonders die Ausstellung mit Funden rund um ein karthagisches Kriegsschiff interessant, das im 3. Jh. v. Chr. vor Marsala sank (Di.–Sa. 9.00–19.00, So./Mo. 9.00–13.30 Uhr).

RESTAURANT
€ € **Trattoria Garibaldi**, Piazza dell'Addolorata 35, Tel. 09 23 95 30 06 . Beliebtes Lokal mit Spezialitäten wie Fisch-Couscous.

UNTERKUNFT
€ € € € **Carmine**, Piazza Carmine, Marsala, Tel. 09 23 71 19 07 , www.hotelcarmine.it. Moderner Komfort und elegantes Design in einem historischen Palazzo im Herzen Marsalas.

UMGEBUNG
Auf der nahezu kreisrunden, nur knapp 4km² großen Insel ❻ **San Pantaleo** gründeten phönizische Seefahrer zwischen dem 10. und 8. Jh. v. Chr. ihren Stützpunkt Mothye (Mozia), der bald zu einer Stadt heranwuchs. Zu sehen sind eine Nekropole, die Überreste der Stadt im Zentrum der Insel und der künstlich angelegte Hafen Kothon. Höhepunkt des Museums (tgl. 9.30 bis 18.30, Winter 9.00–15.00 Uhr) ist der Jüngling von Mozia (5. Jh. v. Chr.). Historisch wie aktuell nordafrikanisch geprägt präsentiert sich ❼ **Mazara del Vallo**, 21 km südöstl. von Marsala. Hauptattraktion des Fischereihafens an der Mündung des Mazaro ist das allein dem 1988 aus dem Meer geborgenen, tanzenden Bronzesatyr aus dem 4./3. Jh. v. Chr.) gewidmete **Museo del Satiro** (tgl. 9.00–19.00 Uhr).

INFORMATION
Ufficio Informazioni, Via XI Maggio 100, Tel. 09 23 71 40 97

Tipp

Süße Sünde(n)

Unter den vielen Kellereien in ❺ **Marsala**, in denen Besucher den Likörwein verkosten können, empfehlen wir die alteingesessene Pellegrino, bei der uns Weine wie die Führung durch die Kellerei am angenehmsten erschienen.

INFORMATION
Via Fante 39, Tel. 09 23 71 99 11, www.carlopellegrino.it

⑧ – ⑫ Trapani und Umgebung

Auch in ⑧ **Trapani**, der großen Hafenstadt an der Westküste, ist der nordafrikanische Einfluss deutlich sichtbar.

SEHENSWERT/MUSEUM

Interessant sind der in katalanischer Gotik aus pyramidenförmig behauenen Steinen errichtete **Palazzo Giudecca** (Ecke Via 30 Gennaro/Via Giudecca) im ehemaligen jüdischen Ghetto, der geradlinig durch die Altstadt verlaufende **Corso Vittorio Emanuele**, in Trapani La Loggia genannt, und, falls geöffnet, die **Chiesa del Purgatorio** (Via Generale Dom Giglio): Hier werden die *misteri* – 20 lebensgroße, aus Holz geschnitzte Figuren – aufbewahrt. Trapanis bedeutendstes Heiligtum ist das **Santuario dell'Annunziata** (Via Conte Agostino Pepoli). Die im 14. Jh. errichtete Kirche hat ihre schöne gotische Fassade bewahrt; im Inneren wurde sie barock ausgestaltet. Die verehrte Madonna, wahrscheinlich von Nino Pisano aus Marmor gearbeitet, verbirgt sich in einer eigenen Kapelle hinter dem Altarraum im Chor (7.00 bis 12.00, 16.00–20.00, Winter bis 19.00; So. 8.00 bis 13.00, 16.00–19.00 Uhr). Im Kloster nebenan zeigt das **Museo Regionale Pepoli** neben wertvollen Gemälden auch Funde aus Erice und Selinunt Mo., Mi. Fr. 9.00–13.30, Di., Do. Sa. 9.00–19.30, So. 9.00–12.30 Uhr).

RESTAURANT

€ € € € **Le Mura**, Via delle Sirene 15/19, Tel. 09 23 87 26 22, Mo. geschl. Beste Adresse für Fisch am nördlichen Kai. Unbedingt reservieren.

UNTERKUNFT

€ € € € **Vittoria**, Via Francesco Crispi 4, Tel. 09 23 87 30 44, www.hotelvittoriatrapani.it. Nahe an Bahnhof und Hafen; gepflegte Zimmer, gutes Frühstück, kostenloses Internet.

UMGEBUNG

Das 750 m hoch über Trapani gelegene ⑨ **Erice** hat uralte Wurzeln: Der Felssporn Eryx galt schon in prähistorischer Zeit als Sitz einer Muttergottheit. Die antike Stadt ⑩ **Segesta**, 45 km östlich von Trapani, war eine Gründung von Kolonisten aus Troja. Segestas Wahrzeichen ist der wiedererrichtete dorische Tempel, der außerhalb der eigentlichen Stadtmauer lag und mit dessen Bau 416 v. Chr. begonnen wurde. Ein hübscher Badeort mit einer Vielzahl von Restaurants und Unterkünften ist ⑪ **San Vito Lo Capo** am Capo San Vito, das den Golf von Castellammare westlich abschließt. Die ⑫ **Egadischen Inseln** Favignana, Levanzo und Marettimo, 6, 12 bzw. 30 km von Trapani entfernt, sind beliebte Wochenend-Ausflugsziele. Alle drei Felseninseln bieten Bademöglichkeiten in kleinen Buchten und sind gute Schnorchel- und Tauchreviere.

INFORMATION

Ufficio Informazioni (Anf. Nov.–Ende März geschl.), Via Torrearsa/Piazza Saturno, Tel. 09 23 59 01 11, www.comune.trapani.it

Genießen   Erleben   Erfahren

Pantelleria per Quadbike entdecken

DuMont Aktiv

Die isoliert zwischen Sizilien und Tunesien gelegene Insel ⑬ **Pantelleria** lockt mit einer Reihe verborgener Schönheiten – prähistorischen Stätten, mondänen Stränden und stillen Buchten. Öffentliche Busse sind rar, doch mit dem robusten Quadbike ist die Tour ein Riesenspaß.

Von der wenig reizvollen Pantelleria-Stadt fährt man auf der Küstenstraße nach Südosten, vorbei am Strand Cala Cinque Denti mit seinen bizarren Felszacken in das Fischerdorf Gadir, an dessen Hafen eine Thermalquelle ein natürliches Felsbecken speist. In den Örtchen Khamma und Tracino sind die charakteristischen *dammusi*, niedrige, überkuppelte Häuser mit nur einem Raum, zu Ferienhäuschen ausgebaut. Mondäne Villen säumen den schönen Strand Cala Tramuntana; er gilt als der Schickeria-Treff auch internationaler Prominenz.

Nun führt die Straße weit nach Süden; ein Feldweg mäandert ans Meer zur Balata dei Turchi, wo man im glasklaren Wasser wunderbar schnorchelt. An der Westküste nordwärts fahrend passiert man das lebhafte Scauri am Fuß des Vulkans Montagna Grande (836 m) und erreicht kurz danach eine Treppe, die hinunterführt zur Sataria-Grotte, in der ebenfalls eine warme Quelle entspringt. Kalypso soll Odysseus hier gefangengehalten haben. Letzte Station sind die *sesi*, Steingräber, darunter ein elipsenförmiges, überkuppeltes „Königsgrab", in der Nähe von Mursia. Die Frage, welches Volk seine Toten darin bestattete, ist bis heute nicht beantwortet.

Ein ideales Quadbike-Revier

Weitere Informationen

Anreise Mit Fähren (6 Std.) oder Schnellboot (2,5 Std.) von Trapani oder per Flugzeug (30 Min.) von Palermo

Information Pro Loco, Via Barcellino, Tel. 3343909360, www.prolocopantelleria.it (nur im Sommer)

Quadbikes Policardo, Flughafen, Tel. 09 23 91 2844, www.autonoleggiopantelleria.it

Übernachtung in Dammusi www.pantelleriaturismo.com, www.dammusialmare.it

Götter des Feuers und des Windes

Die sieben Liparischen Eilande Vulcano, Lipari, Alicudi, Filicudi, Salina, Panarea und Stromboli sind in ihrer Gesamtheit so faszinierend, dass selbst der kühnste Vergleich – Vulkanische Perlen im Tyrrhenischen Meer, italienische Karibik, Trauminseln – die ganz besondere Stimmung auf dem zum Welterbe der UNESCO zählenden Archipel nicht in adäquate Worte fassen kann.

Blick von Liparis Belvedere Quattrocchi auf Vulcano

Die größte und lebendigste der sieben Inselschwestern ist eine ideale Ausgangsstation, um die Nachbareilande zu erkunden – natürlich erst, nachdem man Lipari selbst eingehend besichtigt hat (im Uhrzeigersinn von ganz oben links): antike Tontöpfe im Archäologischen Museum, Blick vom Burgberg auf die Marina Corta, Nightlife am Corso Vittorio Emanuele und ein „Durchblick" zum Hafen.

An der pittoresken Marina Corta von Lipari findet man Anlegestellen für Rundfahrten und gemütliche Straßencafés.

> Der massive touristische Ausbau ist vorerst vom Tisch – Besucher dürfen die Inseln erleben, wie die Götter des Feuers und des Windes sie geschaffen haben.

Als die UNESCO den Antrag der Liparischen Inseln auf einen Welterbestatus im Jahr 2000 positiv beschied, war die Freude groß. Die Kommission sah in dem Archipel eine der wenigen Stätten weltweit, an der kontinuierlich vulkanische Entstehung und Zerstörung studiert werden können. Zudem wollte man die Biodiversität der Inseln und Gewässer geschützt und die archäologischen Zeugnisse bewahrt wissen.

Mit dem Welterbestatus waren allerdings auch Forderungen verbunden: Der auf Lipari betriebene Abbau von Bimsstein sei einzustellen, hieß es, der gesamte Archipel sei zum Naturschutzgebiet zu erklären und auf weitere Hotelbauten müsse man verzichten. Die sizilianische Regionalregierung legte dazu ambitionierte Konzepte vor. Doch als eine Delegation der UNESCO sieben Jahre nach der Ernennung auf den Inseln nach dem Rechten sah, halfen alle Verschleierungsversuche nichts: Nach wie vor wurde in den Bergwerken fröhlich gewerkelt, es gab Pläne für einen Flughafen, neue Hotelanlagen und den Ausbau des Hafens von Lipari-Stadt mit Kaianlagen für Kreuzfahrtschiffe. Die Delegation zog ab und empfahl, den Inseln den Status abzuerkennen. Was dann aber nicht geschah, weil die Insulaner reumütig Besserung gelobten. Und diesmal meinen sie es offenbar ernst. Der massive touristische Ausbau ist vorerst vom Tisch – Besucher dürfen die Inseln erleben, wie die Götter des Feuers und des Windes sie geschaffen haben. Denn die Äolischen Inseln, wie sie auch genannt werden, waren einst Sitz des Windgottes Aiolos, auf Vulcano schmiedete der Feuergott Hephaistos Eisen. Die sieben Inseln, die geografisch einen Bogen von Milazzo bis zum Golf von Neapel bilden, sind Teil einer Vulkankette, die sich vom Vesuv bei Neapel bis zum Ätna zieht. Als einziger tätiger Vulkan Europas spuckt der Stromboli mit einer Regelmäßigkeit Feuer, nach der man fast die Uhr stellen kann. Auf den anderen Inseln sind warme Quellen und Fumarolen Zeugnisse des Vulkanismus.

Als mal mehr, mal weniger stumpfe Kegel wachsen die Eilande relativ steil aus dem Meer; nur an wenigen Stellen wie auf Lipari oder Salina ist Platz für ein Inselstädtchen und einen richtigen Hafen. Die meisten Siedlungen liegen etwas erhöht an Berghängen oder auf kleinen Plateaus.

Faszination Vulkan

Dunkel vom vulkanischen Gestein, steil und – abgesehen von Salina – nur karg bewachsen: Was ist das Besondere an den Liparischen Inseln? Verlockend sind Einfachheit und Klarheit: Im Rücken den

Im Rücken den Vulkan, vor sich das kristallklare Meer.

Salina, die zweitgrößte Insel des Archipels, halten viele für die schönste der sieben Schwestern. Fast die gesamte Insel steht unter Naturschutz.

Als einzige Insel des Archipels gehört Salina nicht zur Gemeinde Lipari, sondern teilt sich in die drei Gemeinden Santa Marina Salina, Malfa und Len .

Die touristische Entdeckung der Inseln begann an einem Sehnsuchtsort: im Kino, also. Und mit einer skandalösen Dreiecksbeziehung – Rossellini, Magnani, Bergman –, in deren Verlauf die eifersüchtige Anna Magnani Roberto Rossellini, mit dem sie damals übrigens privat liiert war, einen Teller Nudeln über den Kopf gekippt haben soll. Was Rossellini keineswegs daran hinderte, seinen neuen Film wie sein neues Leben mit Ingrid Bergman in der Hauptrolle zu besetzen. In dem schlicht „Stromboli" betitelten Film irrt die Hollywood-Diva verzweifelt am Kraterrand umher, ehe sie angesichts des majestätischen Schauspiels der vulkanischen Kräfte ihre Seelenruhe wiederfindet. Ein Rezept, das offenbar bis heute gut funktioniert, weshalb sich neben dem Kino auch Stromboli zu einem Sehnsuchtsort entwickelte (oben ein Café an der Piazza San Vincenzo, rechts eine Hochzeitsgesellschaft auf demselben Platz vor der gleichnamigen Kirche, rechte Seite unten das Ingrid-Bergman-Haus, Casa Ingrid).

Vulkan, vor sich das kristallklare Meer, die weiß getünchten Häuschen kubisch mit schattiger, vorgebauter Veranda und Zisterne. Opuntien und Agaven in Blüte, ein rosafarbener Oleanderbusch, Bougainvillea an der sonnenbeschienenen Hauswand, dazu der Duft von wildem Fenchel und der Blick auf mindestens zwei Nachbareilande, die im Sommerdunst über dem Meer zu schweben scheinen.

Die Inseln präsentieren faszinierende Bilder einer fast archaischen Welt und sind dabei ungemein mondän, eines der exklusivsten Reiseziele Italiens. Wer prominent ist, besitzt ein Haus auf Panarea oder zumindest Salina. Und wenn's kein Haus ist, dann dümpelt zumindest eine Jacht vor Lipari oder Vulcano im Meer.

Seltsamerweise macht sich der Dünkel nicht bemerkbar, und auch die Gerüchte, die über die gerade vor Ort weilenden Promis kursieren, scheinen den Hype nicht so ernst zu nehmen: Ist das wirklich Sean Connery im Hafen von Salina? Kauft Isabella Rossellini ihre Granita nun bei Alfredo oder nicht? Sah Domenico Dolces Villa auf Panarea nicht schon mal gepflegter aus? Und diese Jacht vor Panarea gehört also dem belgischen König? Fehlt bloß noch Berlusconi, der Sardinienurlauber!

Liparisches Insel-Hopping

Jede der sieben Inseln hat ihren ganz eigenen Reiz, und von Lipari aus sind sie alle per Schnellboot gut erreichbar, jedenfalls wenn die See ruhig ist.

Panarea ...

... besitzt mit der Cala Junco eine der schönsten Buchten – ein perfekt geschnittenes Halbrund, durch Felsen vor Wind und Wellen geschützt.

Salina, ...

... aufgebaut aus sechs erloschenen und mit üppig grünem Farn bewachsenen Vulkanen, ist ein herrliches Wanderrevier und besitzt mit Santa Marina zweifelsohne das schönste Inselstädtchen der liparischen Eilande.

Panarea: Die kleinste der Liparischen Inseln ist im Sommer ein Refugium der italienischen Schickeria. Benannt wurden die Inseln nach Liparos, einem König des vorrömischen Volkes der Aurunker, das sich um das Jahr 1200 v. Chr. hier niederließ.

Die Italiener bevorzugen den Namen „Äolische Inseln" für den Archipel, nach dem Windgott Äolus, vor dem man sich hier in der Bucht vor Panarea gut schützen kann.

Wanderer, gehst du nach Vulcano, wirst du wohl auch den Vulkan besteigen und einen sehr schönen Blick auf das benachbarte Lipari haben.

Die Liparischen Inseln präsentieren faszinierende Bilder einer fast archaischen Welt.

Alicudi und Filicudi ...
... sind die Außenposten, auf die diejenigen flüchten, denen der Rummel auf den Hauptinseln zu viel ist – ein paar Esel, schöne Tauchreviere und absolute Ruhe schaffen Robinson-Atmosphäre.

Stromboli ...
... kann friedlich und verschlafen sein, nur nicht in der Zeit zwischen Mai und September, wenn täglich mehrere Hundert Menschen in Gruppen zum Gipfelbereich des Vulkans aufbrechen.

Vulcano
In den schwefelhaltigen Fangobädern und warmen Quellen kurten bereits römische Landjunker. Heute finden hier goldbehängte italienische Damen vom Festland nichts dabei, sich und ihren Schmuck mit dem nach Teufel und Hölle stinkenden Schlamm zu beschmieren.

Lipari ...
... hat von allem etwas: ein quirliges, hübsches Inselstädtchen, exzellente Feinschmeckerlokale, eines der spannendsten archäologischen Museen Siziliens, einen Strand mit türkisgrünem Meer, Thermalquellen bei San Calogero – und den atemberaubend schönen Aussichtspunkt Quattrocchi, vor dem Vulcano mit seinen dampfenden Fumarolen im Meer liegt. Fast zu schön, um wahr zu sein.

UNSERE FAVORITEN

Die schönsten Strände

Mare nostrum!

Die Italiener lieben das Meer und reisen im Hochsommer nach Sizilien. Warum? Deshalb: Endlos lange Strände und kleine verschwiegene Buchten, schwarzer Fels und grüne Hänge, weißer und goldgelber Sand – und ein Himmel wie es höher und blauer nicht mehr geht.

① Vendicari

1500 ha bedeckt das Schutzgebiet zwischen Lido di Noto und Marzamemi. 1989 wurde die Feuchtzone zum Reservat. Wir finden, hier sind die schönsten Strände Siziliens und unter ihnen ragt Calamosche nochmals heraus – prima inter pares. Kleine Buchten mit feinem Sand, klares Wasser und (weil man nur zu Fuß hinkommt) meist wenig Betrieb – was will man mehr. Zubrot: Die pantani, Strandseen im Hinterland, füllen sich im frühen Herbst mit Wasser und ziehen als Rast- und Nistplatz zahlreiche Vögel an.

Riserva naturale orientata Oasi faunistica di Vendicari, www.riserva-vendicari.it

② Zingaro

Zwischen San Vito lo Capo und Scopello lädt der 1650 ha große, 7 km lange Küstenabschnitt mit unverbrauchter Natur und einem dichten Wegenetz zu Exkursionen ein. Kalksteinklippen und kleine weiße Sandbuchten mit zartblauem Wasser locken die Wanderer aber immer wieder von den mit Macchia, Zwergpalmen und zahlreichen Blumenarten bewachsenen Hängen hinunter ans Meer. Schwimmen, schnorcheln oder plantschen kann schöner fast nicht sein.

Riserva Naturale Orientata dello Zingaro, www.riservazingaro.it

③ Stadtstrand von Cefalù

Bis ans Wasser sind die Häuser der Altstadt gebaut, doch an der alten Hafenmole blieb ein kleiner Sandstrand erhalten. Er wird bewirtschaftet, und in der Hauptsaison ist es fast unmöglich einen der begehrten (nicht billigen) Plätze zu ergattern. Hat man Glück, ist bester Blick garantiert auf die Sommerfrischler, die der *bella figura*, dem „guten Eindruck", auch am Strand höchsten Stellenwert einräumen. Bei weniger Glück muss man auf den 2 km langen Lido 300 m südlich ausweichen.

je nach Saison 10–30 € pro Tag für Schirm und zwei Liegen

④ Lido Mazzarò

Eine Seilbahn führt hinunter ans Meer zum perfekten, von Felsen flankierten Halbmondstrand von Mazzarò, der Badewanne Taorminas. Einfachere Hotels oben, Luxushotels unten – am Kieselstrand aber sind alle gleich. Eng gestaffelt spenden die Sonnenschirme flächigen Schatten, die Liegen darunter nutzen jeden Zentimeter. Zur Siesta, zwischen Mittagessen und dem spätnachmittäglichen Strandaufenthalt ist es ruhiger am Lido, dann lässt es sich herrlich beachen.

Funivia di Taormina, in der Hochsaison 7.45 bis 1.30 Uhr, 3 € einfach

UNSERE FAVORITEN

5 Mondello

Wenn Palermitaner einen sommerlichen Arbeitstag in brütenden Häuserschluchten mit einem erfrischenden Bad ausklingen lassen, dann im nahen Mondello. Über 2 km biegt sich der breite, feinsandige Strand in einem sanften Bogen entlang der Küste zwischen Monte Pellegrino und Monte Gallo – Platz genug für alle. Die stabilimenti balneari, die Strandbewirtschaftungen, sind sehr gut geführt, und Liegen und Schirme gepflegt. Anschließend gibt es einen Drink in einem der Cafés und dann vielleicht ein Fischmenü auf der Terrasse eines der ausgezeichneten Restaurants. Später am Abend versammeln sich dann die Feierwütigen am Lungomare, der Uferpromenade. Dann wandeln sich die Restaurants und Cafés in Piano Bars, Lounges und Diskotheken. Besonders im Juli und in der ersten Augusthälfte herrscht entlang des Strandes ausgelassenes Nachtleben – bis schließlich der neue Tag graut.

www.mondellolido.it/turismo, Anfahrt von Palermo mit Bus Nr. 806 von der Piazza Don Sturzo

6 San Vito lo Capo

Auf den kargen Flächen der Landzunge von San Vito kämpft von der Sommerhitze verbranntes Gras ums Überleben. Schnurgerade führt die Straße hindurch und hinaus aufs Kap zu einem der sommertrubeligsten Orte Siziliens. Grellweißer Sand bedeckt den unverschämt breiten Strand, das flache Meer leuchtet in Türkis, keines der niedrigen Häuschen ist unvermietet, Strandcafés und Restaurantterrassen sind voll besetzt. Besonders junge Urlauber und Familien fühlen sich hier wohl.

www.sanvitoweb.com

7 Acquacalda auf Lipari

Vielleicht sind die Kiesel und Steine des Acquacalda-Strandes ja nicht jedermanns Sache, aber wo sonst sieht man schon Steine schwimmen. Der vulkanisch entstandene Bims besitzt derart viele Poren, dass er leichter als Wasser ist. Im Hintergrund stehen noch die Maschinen, die ihn einst von den Hängen geschabt haben. Am besten mietet man sich eine Liege und bewundert das Panorama mit den Inseln Salina und Panarea. Selbstredend, dass das Meer glasklar ist.

www.ursobus.it, Busverbindung nach Lipari-Stadt (Hafen) in der Hochsaison fast stündlich mit Urso

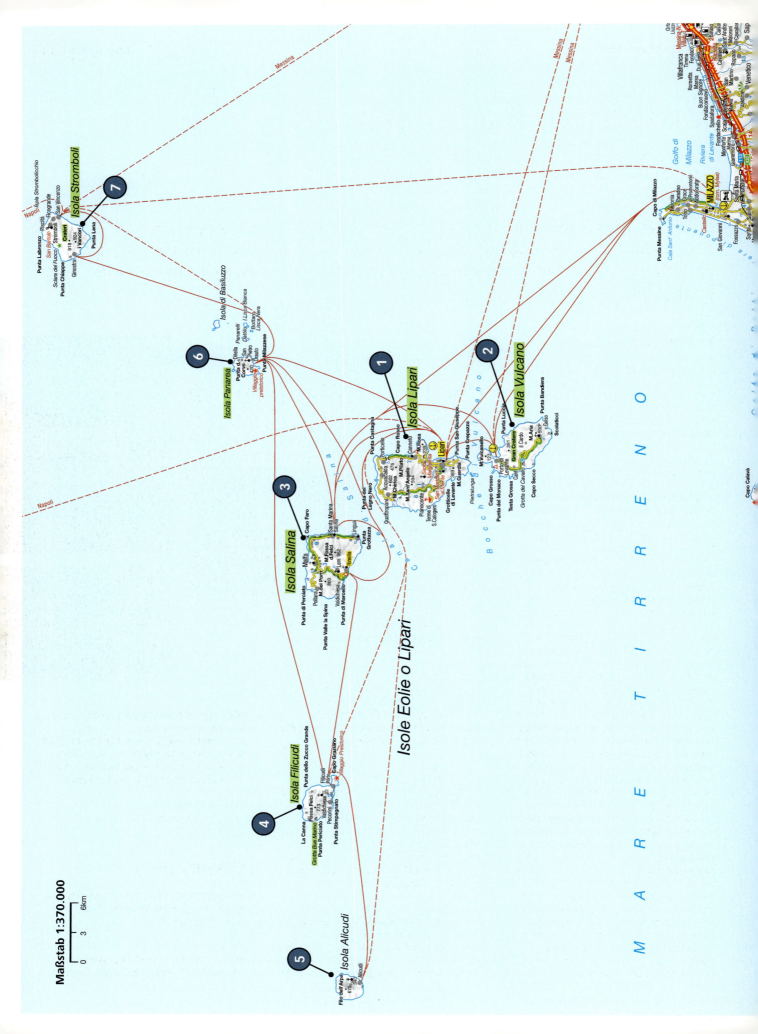

INFOS & EMPFEHLUNGEN

LIPARISCHE INSELN
112 – 113

Vulkane, Kapern und Malvasia-Wein

Die Liparischen Inseln sind Glieder einer Kette von Vulkanen, die sich vom Ätna auf Sizilien zum Vesuv am Golf von Neapel schwingt. Diese Vulkane erreichen eine Höhe von knapp 1000 m über dem Meeresspiegel (Salina) und setzen sich darunter teils bis in 3000 m Tiefe fort.

❶ Lipari

Die knapp 38 km² große Insel mit dem 602 m hohen Monte Chirica ist Verwaltungs- und Wirtschaftszentrum der Eilande. Größte Bedeutung kommt dem Tourismus zu. In den italienischen Ferienzeiten Juli/August sollte man deshalb von einem Besuch besser absehen.

SEHENSWERT/MUSEUM

Lipari-Stadt staffelt sich um den Burgberg mit der unter Karl V. im 16. Jh. erbauten Befestigungsanlage rund um den **Normannendom San Bartolomeo**, der im 17. Jh. barockisiert wurde. Erhalten ist ein romanischer normannischer **Kreuzgang**. Das **Archäologische Museum** ist auf mehrere Häuser verteilt; hochinteressant sind die Abteilungen für Unterwasserarchäologie mit zahllosen Amphoren und Ankern sowie die Abteilung mit antiken Theatermasken aus dem 4./3. Jh. v. Chr. (Mo. bis Sa. 9.00–19.30, So. nur bis 13.30 Uhr). In der stets zugänglichen archäologischen Zone werden die einzelnen Besiedelungsschichten auf dem Burgberg anhand beispielhafter Ausgrabungen erläutert. Eine breite Treppe führt von der Burg hinunter zum **Corso Vittorio Emanuele**, der Haupteinkaufs und Flanierstraße mit Restaurants, Boutiquen und Eisdielen. Sie verbindet die **Marina Corta**, wo Ausflugs- und Fischerboote anlegen, mit der **Marina Lunga**, dem Hafen von Lipari-Stadt. Die Inselrundfahrt, am besten mit einem gemieteten Motorroller, führt nach Norden, durch die lang gezogene Streusiedlung **Canneto** und an deren Strand vorbei zur Bucht **Spiaggia Bianca**, an der das Meer früher dank des weißen Bimssteins in karibischem Türkis leuchtete. Auch der Strand von **Acquacalda** an der Inselstraße nach Westen verspricht Badefreuden, hier mit Blick auf Salina und Filicudi. Dann geht's bergauf nach **Quattropani** (Blick auf Vulcano) und weiter in Serpentinen am Vulkanhang nach Süden mit immer neuen, schönen Aussichten; eine Stichstraße führt hinunter ins Tal zum **Thermalbad San Calogero**, in dem schon römische Kurgäste Heilung suchten. Kurz nach diesem Abstecher ist der berühmte **Belvedere Quattrocchi** TOPZIEL erreicht, ein Aussichtspunkt von überwältigendem Reiz.

Lipari: Kreuzgang des Normannendoms San Bartolomeo (oben), Marina Corta (rechts oben) und Corso Vittorio Emanuele in Lipari-Stadt

NIGHTLIFE

Turmalin, Piazza Mazzini, Mobil-Tel. 03 38 64183 62. Die Bar-Diskothek profitiert von der herrlichen Lage unterhalb des Burgbergs.
Chitarra Bar, Marina Corta, Tel. 09 09 81 15 54. Gemütliche Bar, gelegentlich Livemusik.

RESTAURANTS

€ € € € **Filippino**, Piazza Mazzini, Tel. 09 09 81 10 02, Mo. geschl. (nur im Winter). Mit großem Abstand die beste Küche auf Lipari, und das mit nun bald hundertjähriger Tradition.
€ € € **E'Pulera**, Via I. Vainicher-Conti, Tel. 09 09 811158. In gepflegter Atmosphäre und unter Weinranken sollte man Sushi a la Lipari, Involtini di pesce spada con melone oder den delikaten Tintenfisch versuchen.

UNTERKUNFT

€ € € € **Piccolo A'Pinnata**, Baia Pignataro, Tel. 09 09 81 16 97, www.bernardigroup.it, Nov. bis März geschl. Hochluxuriös und auf seine Weise einzigartig ist dieses sehr gut gepflegte, individuelle Haus mit modern gestalteten sowie mit allem Komfort ausgestatteten Zimmern hoch über der neuen Marina.
€ € € **Enzo il negro**, Via Garibaldi 29, Tel. 09 09 813163, www.enzoilnegro.com. Historisches Ambiente für ein schmuckes B&B mit einem kontaktfreudigen und hilfsbereiten Besitzer.

INFORMATION

Ufficio Informazioni, Lipari, Via Maurolico 13, Tel. 09 09 88 00 95

❷ Vulcano

Die rund 21 km² große, bis zu 499 m hohe südlichste der Liparischen Inseln wird vor allem als Kurort geschätzt.

SEHENSWERT

Von der Schiffsanlegestelle **Porto Levante** führt eine Straße nach Süden zum Ausgangs-

INFOS & EMPFEHLUNGEN

punkt für die Besteigung des **Gran Cratere** (283 m), für die man wegen des weichen Sanduntergrunds und der mal mehr, mal weniger intensiven Schwefeldämpfe recht fit sein sollte. Die Hauptstraße durchquert die Insel von Nordosten bis Südwesten, vorbei an Hotelanlagen, Restaurants und Stränden und endet bei Gelso mit hübschem Strand. Hauptanziehungspunkt sind die schwefelhaltigen Schlammbäder bei Porto Ponente, als **Geoterme Vulcano** (siehe Tipp, gebührenpflichtig).

UNTERKUNFT
Ein Übernachtungstipp ist die €€€ **Casa Arcada** (Sotto Cratere, Mobil-Tel. 09 09 85 26 12, www.casaarcada.it) unterhalb des Vulkans.

INFORMATION
AAST, Vulcano, Porto di Ponente, Tel. 09 09 85 20 28, nur im Sommer.

Aufstieg: zum Feuergott (oben, Stromboli). Ausblick: aufs Meer (rechts oben, Panarea) Ausgezeichnet: schöner urlauben im Hotel Signum in Malfa (rechts, Salina).

❸–❺ Salina und Umgebung

Die Insel ❸ **Salina** mit ihrem markanten Zwillingsgipfel ist die grünste der Liparen und die einzige, auf der auch der Anbau von Kapern und Malvasia-Wein eine wichtige Rolle spielt.

SEHENSWERT
Der Hauptort **Santa Marina Salina** besteht aus wenig mehr als einer Hauptstraße, der **Via Risorgimento**, mit vielen hübschen Geschäften für den Klamotten-, Schmuck- und Souvenireinkauf, verströmt aber dennoch eine lebhafte, städtische Atmosphäre. Südlich davon liegt **Lingua** an einer Lagune, an der man früher Salz abbaute. Die einzige Inselstraße nach Norden erreicht nach ausgiebigen Serpentinen **Malfa**, ein Dörfchen knapp 100 m über dem Meer, dessen Kulturhaus mit Auswanderer-Museum und Ausstellungen zeitgenössischer Künstler die Aufmerksamkeit auf sich zieht. Organisatorin ist Clara Rametta, Eigentümerin des Hotels Signum und verantwortlich für den Wiederanbau der berühmten Kapern von Salina, die im nächsten Ort, **Pollara**, die Hänge bedecken. Letztes Duo auf der Inselrundfahrt sind der Bergort **Leni** und dessen Hafen **Rinella**. Schmale Strände laden hier zum Sprung ins Meer. Auf dem Weg nach **Leni** passiert man Valdichiesa im Sattel zwischen den Zwillingsgipfeln, wo die Wandertour auf den Monte Fossa delle Felci startet (2 Std. bis zum Gipfel).

SHOPPING
Bei **Indigo** (Via Risorgimento) gibt's Flatterkleidchen, Pareos, Hüte und Schmuck. Kunstvolle Keramikarbeiten nach traditionellen Vorbildern fertigen Kunsthandwerker bei **Elsalina** (Via Roma 26).

RESTAURANTS
€€ **Pizzeria da Marco**, Leni, Loc. Rinella, Tel. 09 09 80 91 20. Schon mal Pizza mit Minze und Kapern probiert? Diese und andere eigenwillige Kreationen sowie auch das Standardprogramm bekommt hier über dem Hafen serviert.

UNTERKUNFT
€€€€ **Signum TOPZIEL**, Via Scalo 15, Malfa, Tel. 09 09 84 42 22, www.hotelsignum.it. Das Hotel ist aus mehreren Häusern zusammengewachsen und besitzt mit seiner verwinkelten Architektur, den Innenhöfen, Gärten und der schattigen Terrasse äolischen Zauber. Ein besonderes Lob gebührt dem Spa, in dem sich Thermalwasser, Kräuter, Salz und Kapern der Insel unter freiem Himmel zu einem alle Sinne betörenden Erlebnis vereinen. Auch Nicht-Hotelgäste sollten sich die leckere Slowfood-Küche von Martina Caruso gönnen.

€€ **La Locanda del Postino**, Via Picone 10, Pollara, Tel. 09 09 84 39 58, www.lalocandadelpostino.it. Entspannen und Träumen inmitten von duftenden Kapernbüschen.

UMGEBUNG
Die westlichen Nachbarinseln ❹ **Filicudi** und ❺ **Alicudi** können bei gutem Seegang in einem Tag von Salina aus besucht werden. Auf **Filicudi** mit dem 773 m hohen Monte Fossa delle Felci lohnt ein Spaziergang zum Capo Graziano mit einer weiteren bronzezeitlichen Siedlung. Auf **Alicudi** erwarten den Gast duftende Macchia, einsame, nur mit Boot erreichbare Buchten und steile Wanderwege.

INFORMATION
AAST, Piazza Santa Marina, S. Marina Salina, Tel. 09 09 84 30 03, nur im Sommer.

❻ Panarea

Weiter in Richtung Osten ist Panarea gut für einen Stopp zwischen zwei Schnellbooten, aber als Urlaubsort wegen der deutlich höheren Preise nicht zu empfehlen.

SEHENSWERT
Zur Besichtigungstour (zu Fuß) gehören ein Abstecher an die **Punta Milazzo** mit bronzezeitlichen Hüttenfundamenten und zum Strand

> ### Tipp
> ## Schlammschlacht
>
> Der schwefelhaltige Schlamm der **Geoterme Vulcano** auf ❷ **Vulcano** ist schon von Weitem zu riechen. Thermalquellen verbinden sich mit Schwefel zu stinkendem Heilschlamm, der gegen Rheuma und Hautkrankheiten hilft. Man reibt sich damit ein, lässt ihn trocknen und wäscht ihn unter der Dusche (gebührenpflichtig) ab, bevor man sich von den Thermalquellen im Meer in einem natürlichen Jacuzzi massieren lässt.
>
>
>
> ### INFORMATION
> Geoterme Vulcano, Piazza degli Angeli, Tel. 09 09 85 3012, www.geoterme.it

Höchster Berg ist der 962 m hohe Monte Fossa delle Felci auf Salina, kleinste Insel das nur 3,4 km² große Panarea.

Cala Junco. Eine Vorstellung vom Panarea-Style vermittelt das Hotel Raya (www.hotelraya.it) hoch über dem Ort.

INFORMATION
siehe Salina

7 Stromboli

Die Insel besteht aus dem 924 m hohen Vulkan, Stromboli-Stadt an der Nord- und Ginostra an der Südküste.

SEHENSWERT
Ginostra nennt sich „kleinster Hafen der Welt", hat vergeblich gegen den Anschluss an das Schnellboot-Netz (und den dafür nötigen Bau einer Mole) gekämpft und lässt sich nur ungern evakuieren, wenn der Vulkan einmal wieder übermütig wird. Die Ginostreser sind allerdings zumeist keine Einheimischen, sondern Besitzer der wohl am einsamsten gelegenen Ferienhäuser Italiens. Die Eigentümer der alten Fischerhäuser haben das Dorf verlassen.
Stromboli-Stadt wiederum ist eine hübsche und meist ruhige Siedlung, deren Hauptplatz **San Vincenzo** in den Sommermonaten Treffpunkt der Vulkanwanderer ist. Im Bergsportladen am Platz lässt sich Ausrüstung kaufen oder leihen, dann geht's unter kundiger Führung auf den Berg. Strombolis regelmäßige Ausbrüche sind weltweit einzigartig und standen Pate für den Begriff der strombolianischen Aktivität, mit dem ähnlich aktive Phasen anderer Vulkane bezeichnet werden. Ursache ist der höhere Druck der im Schlot aufsteigenden Gasblasen, die durch den geringeren Druck des flüssigen Magma wenig Widerstand erfahren und an der Oberfläche „zerplatzen". Dabei reißen sie auch Magma und Gestein mit sich. Der Vermutung, dass sich der Vulkan dadurch regelmäßig entleert und daher ungefährlich sei, widerspricht Stromboli mit immer wieder auftretenden heftigeren Ausbrüchen.

RESTAURANTS
€ € € **Nonna Assunta**, Ginostra, Tel. 09 09 88 02 88, Juni, Juli, August. Klein ist Ginostra und klein das Lokal, die Hühner kommen aus dem Ort, der Fisch frisch aus dem Meer, die ganze Familie kümmert sich, der Blick ist herrlich und das Essen fantastisch.
€ € **Il Canneto**, Via Roma, Stromboli-Stadt, Tel. 09 0 98 60 14. Das Restaurant in der Nähe des Hafens besitzt einen hübschen Innenhof.

UNTERKUNFT
€ € € € **La Sirenetta Park Hotel**, Via Marina 33, Stromboli-Stadt, Tel. 09 0 98 60 25, www.lasirenetta.it. Das traditionsreiche Haus hat eine schöne Lage am schwarzen Strand. Auch gutes Restaurant und Diskothek La Tartana Club.
€ € € **Barbablu**, Via Vittorio Emanuele, Tel. 090 98 61 18, www.barbablu.it. Im Ort – und doch ruhig – gelegen, geschmackvoll mit etwas Ethno-Kitsch eingerichtet. Das Restaurant gilt als die beste Adresse in Stromboli.

Genießen Erleben Erfahren

Auf den Stromboli

DuMont Aktiv

Die Gelegenheit, einen aktiven Vulkan zu besteigen, bietet sich einmalig in Europa nur am Stromboli. Ein atemberaubendes nächtliches Feuerwerk auf dem Gipfel ist der Lohn für den anstrengenden, knapp dreistündigen Aufstieg.

Den Stromboli auf eigene Faust zu besteigen, ist seit Jahren verboten; die Unfälle im Gipfelbereich häuften sich, weil Unvorsichtige zu nahe an die Krater herangingen oder von einem besonders heftigen Ausbruch überrascht und von Lavabrocken getroffen wurden. Mit Führer starten die einzelnen Wandergruppen ab 16.00 Uhr nachmittags etwa in 15-Minuten-Abständen von der Piazza San Vincenzo in Richtung Vulkan. Zunächst gemächlich bergauf gehend erreicht man nach rund einer Stunde das „osservatorio", wo bereits erste Feuergarben zu sehen sind. Von dort geht es anschließend steil und im lockeren Lavasand ohne Schatten anstrengend nach oben. Der Gipfelbereich ist je nach Kondition in 2,5 bis 3 Stunden erreicht, wenn die Dämmerung hereinbricht. Rund 150 m von den Kratern entfernt warten die Wanderer den nächsten Ausbruch ab. Manchmal spuckt ein Krater, während aus einem anderen ein lautes Heulen dringt.

Das Erlebnis auf dem Gipfel ist unbeschreiblich! In der Hochsaison stehen jeder Gruppe leider nur 15 Minuten Gipfelzeit zur Verfügung – allein deshalb sollte man besser im Frühjahr oder Herbst gehen und die Magie möglichst lange und ungestört genießen.

Für den Abstieg benötigt man eine gute Taschenlampe; in rund zwei Stunden ist man zurück auf der Piazza San Vincenzo. Wer nicht wandern möchte, kann eine nächtliche Bootsfahrt zur Scharte „Schiara del fuoco" unternehmen, in der die ausgeworfene Lava ins Meer fließt.

Stromboli, die Feuerinsel: Alle 15 bis 20 Minuten röhrt und spuckt der Vulkan.

Weitere Informationen

Dauer 2,5–3 Std. Aufstieg, 2 Std. Abstieg

Organisation Führer stellen Magmatrek (www.magmatrek.it) und Stromboli Adventures (www.stromboliadventures.it), beide in der Via Vittorio Emanuele. In der Hochsaison sollte man aber mindestens eine Woche vorher reservieren.

Kosten etwa 30–40 €

Ausrüstung Bergschuhe und Taschenlampe, Sonnenhut und Trinkflasche; Ausrüstung kann bei Totem Trekking an der Piazza San Vincenzo geliehen werden.

Frühstücksklassiker: caffè e cornetto (rechts oben). Mittags begnügen sich manche gern mit einem Vorspeisenteller (rechts unten). Nachmittags trifft man sich gern auf einen Plausch wie hier auf dem Marktplatz in Gela (oben).

Service

Praktische Informationen für die Reise und einiges Wissenswerte über die größte Insel im Mittelmeer, deren Bewohner sich selbst zunächst als Sizilianer sehen – und dann erst auch als Italiener.

Anreise

Auto: Bequemer und günstiger als die lange Anreise mit dem eigenen Auto ist es oft zu fliegen und vor Ort einen Wagen zu mieten.
Flug: Die internationalen Flughäfen von Palermo und Catania werden sowohl im Linien- als auch im Charterverkehr angeflogen. Lufthansaflüge gibt es von Frankfurt/Main und München; die Alitalia bedient Sizilien ab mehreren italienischen Flughäfen mit Anschlüssen nach Deutschland, Österreich und in die Schweiz. Catania wird im Charterverkehr von Air Berlin von zahlreichen deutschen Städten und von Zürich aus angeflogen. TUIfly bedient Catania u.a. ab Düsseldorf, Berlin, Bremen, Hamburg, Dresden, Hannover, Köln/Bonn und München, Lauda Air fliegt ab Wien. Palermo ist durch TUIfly und Ryanair mit mehreren deutschen Städten verbunden und durch die Swiss mit Zürich. Informationen und Buchungsmöglichkeiten: www.lufthansa.de, www.alitalia.com www.airberlin.com, www.tuifly.com, www.ryanair.com, www.swiss.com, www.laudaair.com
Bahn: Von München, Wien oder Zürich führen alle Eisenbahnwege nach Sizilien über Rom, wo man umsteigen muss. Die Fahrt von München nach Palermo dauert mit Umsteigen rund 23 Stunden. Aktuelle Fahrpläne: www.bahn.de, www.oebb.at, www.sbb.ch.
Bus: Busse der Deutschen Touring fahren von mehreren deutschen Städten zu verschiedenen sizilianischen Zielen. Fahrplanauskunft und Preise: www. deutsche-touring.com.
Schiff: Wer mit dem eigenen Auto reist, kann sich mit einer Fährpassage die lange Fahrt entlang des italienischen Stiefels ersparen. Autofähren ab Genua, Livorno oder Civitavecchia nach Palermo bieten verschiedene Fährgesellschaften an: www.gnv.it, www.siremar.it, www. tirrenia.it.

Auskunft

Überregional: Das Büro der ENIT Deutschland in Frankfurt/Main sowie die Vertretung in Österreich haben zum Thema Sizilien nicht allzu viel Informationsmaterial, sind aber bemüht, Anfragen so gut wie möglich zu beantworten und verschicken Prospekte: 60325 Frankfurt am Main, Barckhausstraße 10, Tel. 069 237434, www.enit.de, Mo–Fr 9.15–17 Uhr; 1060 Wien, Mariahilferstraße 1b, Tel. 015051639, www.enit.at, Di., Mi. und Do. 9.00–12.30 Uhr.
Internet: Das Internetportal der Region Sizilien lautet www.regione.sicilia.it/turismo; Agriturismus-Betriebe findet man unter www.agriturismosicilia.it, Bed & Breakfast-Unterkünfte unter www.bbitalia.it und Naturschutzgebiete unter www.parks.it/regione.sicilia.

Essen und Trinken

In Sizilien bevorzugt man eine einfache, schnörkellose Küche, die sich der frischen Gaben der Natur bedient.
Als Vorspeise beliebt ist die Caponata, ein kalt oder lauwarm servierter Gemüseeintopf, in dem Auberginen den Ton angeben und den jede Köchin anders zubereitet. Einfach und schmackhaft ist eine Vorspeisenplatte mit Käse, Wurst, Schinken, Oliven und getrockneten Tomaten. Ein raffinierteres Entree bilden Meeresfrüchte oder marinierte Sardinen. Arancini, kleine mit Gemüse, Fleisch oder Käse gefüllte und frittierte Reisbällchen, zählen zu den gehaltvolleren Antipasti.
Als Primo Piatto kommt meist eine Portion Pasta, in Sizilien gerne alla Norma mit reifen

---

Info

Reisedaten

Flug von Deutschland: Charter um 150 Euro; Linie ab 600 Euro inkl. Steuern/Kerosinzuschlag
Inlandsverkehr: Zugfahrt Palermo–Messina ca. 15 Euro
Reisepapiere: Personalausweis oder Reisepass
Währung: Euro
Mietwagen: Mittelklassewagen ca. 300 Euro/Woche, 60 Euro/Tag (Vergleichsportal: www.billigermietwagen.de)
Benzin: ca. 1,70–2,00 Euro pro Liter Benzin, ca. 1,50–1,80 Euro pro Liter Diesel
Hotel: DZ/Frühstück: Luxuskategorie ab 150 Euro, Mittelklasse ab 50 Euro, jeweils pro Person
Menü à la carte: Ca. 40 Euro pro Person für drei Gänge in einem guten bis sehr guten Restaurant (ohne Getränke)
Einfaches Essen: Pizza ca. 2,50 Euro/Stück, Panino ca. 3,50 Euro, Glas Wein (0,2 l in der Bar) 2 Euro
Ortszeit: MEZ/MSZ

Vom Pool des Hotel Signum in Malfa, an der Nordküste der Liparischen Insel Salina gelegen, blickt man weit hinaus aufs Tyrrhenische Meer.

Tomaten und Knoblauch oder ai Masculini mit Anchovis zubereitet, auf den Tisch.

Als Secondo Piatto serviert man Fleisch oder Fisch. Die beliebtesten Fischsorten sind Sardinen (sarde), Thunfisch (tonno), Schwertfisch (pesce spada) und Sardellen (acciughe). Das Meer liefert außerdem Langusten (aragosta), Kalamari (calamari), Muscheln (vongole) und Miesmuscheln (cozze). Fisch kommt entweder mit Kräutern und Knoblauch gewürzt vom Grill, alla griglia, oder wird mit Mandeln, Rosinen und Kräutern gefüllt und gedünstet, so die Involtini di pesce spada. Eine (nordafrikanische) Spezialität Westsiziliens ist Fischcouscous (cuscus di pesce), dessen Sud entweder mit verschiedenen Fischen oder, noch edler, mit Meeresfrüchten zubereitet wird. Allerdings kommt Fleisch von Rind, Lamm oder Kaninchen sowie Fisch meist nur am Wochenende oder zu Feiertagen auf den Tisch der Sizilianer. Spezialitäten sind die mit Schinken und Käse angereicherten Rindfleischspieße (Spedini alla palermitana) oder der Lammeintopf mit Sardellen (Agnello all'Acciuga).

Desserts und Dolci gilt die Leidenschaft der Sizilianer, denn hier wurde das Erbe Arabiens am deutlichsten bewahrt. Mandeln und Marzipan (pasta di mandorla), spielen in der Herstellung eine wichtige Rolle, ebenso Pistazien und kandierte Früchte. Die Auslagen der dolcerie, der Konditoreien, sind gefüllt mit den verschiedensten Variationen traditionellen Gebäcks. Zum Sizilien-Erlebnis gehört unbedingt auch die Verkostung einer granita, eines Halbgefrorenen mit Sirup.

Sizilianische Weine haben längst über Italiens Grenzen hinaus Anerkennung erlangt. Der rote Nero d'Avola aus dem Südosten ist ein richtiger Modewein geworden, der Etna Bianco zählt zu den besten Weißweinen von der Insel. Zwei berühmte Kellereien mit hervorragenden Tropfen sind Planeta (www.planeta.it) und Donnafugata (www.donnafugata.it). Außerdem wird in Marsala der gleichnamige Dessertwein gekeltert. Nicht zuletzt kommt von den Liparischen Inseln der Malvasia.

Feiertage und Feste

Im katholischen Sizilien kommt den Patronatsfesten der Stadtheiligen sowie den anderen christlichen Festtagen große Bedeutung zu.

Zu den Patronatsfesten ziehen die Gläubigen in einer Prozession mit der Heiligenfigur betend durch die Stadt. Die hl. Rosalia, Patronin Palermos, wird am 15. Juli gefeiert; Sant' Agata von Catania feiert man vom 3. bis 5. Februar, Santa Lucia von Syrakus am 13. Dezember.

Die Feierlichkeiten der Karwoche (Settimana Santa) sind in Trapani besonders eindringlich. Zudem erinnern mehrere Orte mit farbenfrohen **Festen und Reiterspielen in mittelalterlichen Kostümen** an die Auseinandersetzungen zwischen Arabern und Normannen: Tataratá findet in Casteltermini am letzten Maiwochenende, Palio dei Normanni in Piazza Armerina um den 14./15. August statt. Acireale und Sciacca gelten als die Hochburgen des **Karnevals** auf Sizilien.

Zahlreiche Feste sind dem **landwirtschaftlichen Zyklus** gewidmet, der mit der Sagra del mandorlo in fiore in Agrigent Anfang Februar beginnt, bei der die Mandelblüte gefeiert wird. Anfang Juni zelebriert man auf Salina die Kapernernte mit der Sagra del Cappero, und im

Daten & Fakten

Info

Landesnatur: Die rund 25 700 km² große Insel ist der Überrest der früher existenten Verbindung von Europa und Afrika. Sie teilt das östliche vom westlichen Mittelmeer, ist durch die rund 3 km breite „Straße von Messina", den Stretto, von Italien getrennt und liegt etwa 140 km von der Küste Tunesiens entfernt. Wegen ihrer dreieckigen Form wurde sie in der Antike Trinakria, „drei Vorgebirge", genannt und als Frauenkopf dargestellt, von dem drei angewinkelte Beine abstehen. Die drei prägenden Bergzüge sind die Madonie südlich von Cefalù, die Nebrodi östlich anschließend und die Peloritani zwischen Messina und Taormina. Dominantes Wahrzeichen Siziliens ist der rund 3350 m hohe, aktive Vulkan Ätna, dessen Höhe mit den Ausbrüchen variiert. Umgeben ist Sizilien von mehreren Inselgruppen: den Liparischen Inseln im Nordwesten von Messina, den Egadischen westlich vor Trapani, den Pelagischen südlich von Agrigent sowie der Insel Ustica vor Palermo und Pantelleria, ebenfalls vor Trapani.

Bevölkerung: Rund 5,1 Mio. Sizilianer leben auf der Insel vorrangig von Landwirtschaft, Fischfang, Tourismus und Arbeit in kleineren Industriebetrieben. Rund 21 % Arbeitslosigkeit und eine starke Landflucht (Anteil der städtischen Bevölkerung: 30 %) sind Ausdruck der großen strukturellen Probleme.

Verwaltung und Politik: Sizilien ist Autonome Region und in 9 Provinzen unterteilt. Hauptstadt ist Palermo (750 000 Einw.). Präsident der Region ist seit 2012 Rosario Crocetta von der Partito Democratico (PD), der Demokratischen Partei Italiens aus der Linksmitte, die 2007 gegründet wurde.

Wirtschaft und Tourismus: Wichtigster Wirtschaftsfaktor ist mit 70 % die Dienstleistung, an der der Tourismus einen großen Anteil hat. Landwirtschaft, Industrie und Bauwesen beanspruchen den Rest zu relativ gleichen Teilen. Obwohl der Norden Italiens weiterhin große Summen in den wirtschaftlichen Aufbau Siziliens pumpt versickern die Gelder nahezu ungesehen in den mafiösen Strukturen der meisten Wirtschaftsbetriebe.

Pollaras „Hafen" (ganz oben) und „Nerudas Haus" (oben) auf Salina wurde zum Pilgerziel für Fans des Films „Il Postino" („Der Postmann").

Strandvergnügen in Marina di Ragusa

Oktober endet der Reigen mit Kastanienfesten in der Gebirgsregion Madonie.

Auch **Kulturfestivals** finden großen Zulauf, so Taormina Arte mit Konzerten und Opernaufführungen im griechischen Theater (Juli/August) oder das Internationale Unterwasserfestival im Juli/August auf Ustica mit Symposien, Fotoausstellungen und diversen Tauchkursen. Ein besonderes Erlebnis bietet die Settimana di Musica Sacra in Monreale (November).

Sizilianisches Brauchtum wird bei den Umzügen der bunt bemalten Karren *(carretti)* Ende April in Palermo und Taormina lebendig. Die Traditionen und Trachten der albanischen Minderheit in und um Piana degli Albanesi präsentieren die Bewohner des Bergorts Ende März/Anfang April.

Ferragosto, der 15. August (Mariä Himmelfahrt) wird auf der Insel, die sich voll und ganz der Verehrung Mariens hingibt, besonders inbrünstig begangen. Zugleich markiert Ferragosto für viele das Ende der Sommerferien. Die Touristensaison ist in Vor- und Nach-Ferragosto unterteilt, und jeder, der es sich einrichten kann, sollte die Zeit zwischen dem 1. und dem 15. August meiden, denn die Ferienorte sind dann überfüllt, die Preise verdoppeln und verdreifachen sich.

Gesundheit

Besondere Gesundheitsvorschriften sind nicht zu beachten. Wichtig ist aber in jedem Fall die Mitnahme eines guten Sonnenschutzmittels.

Hotels/Unterkunft

Hotelempfehlungen stehen im Info-Teil der jeweiligen Kapitel.

Preiskategorien

€€€€	Doppelzimmer	ab 150 €
€€€	Doppelzimmer	80–150 €
€€	Doppelzimmer	50–80 €
€	Doppelzimmer	25–50 €

Internet

In allen größeren Orten und in den Hotels, auch in vielen B&B-Betrieben, gibt es inzwischen Internetzugang, oft auch WLAN. Internet-Cafés sind ebenfalls in großer Zahl vorhanden und preiswert.

Literaturempfehlungen

Pflichtlektüre ist **Giuseppe Tomasi di Lampedusas** Roman und Sittengemälde Siziliens im 19. Jh., Der Gattopardo (Piper Verlag).

Luigi Pirandello erhielt 1934 für sein Werk den Literatur-Nobelpreis. Seine Meistererzählungen (Diogenes Verlag) zeichnen ein ungeschöntes Bild Siziliens.

Spannend ist Das Verschwinden des Ettore Majorana von **Leonardo Sciascia**, der einer wirklichen Begebenheit, dem Verschwinden eines kritischen Atomphysikers, nachspürt (Wagenbach Verlag). Vom selben Autor sind auch die literarischen Skizzen Mein Sizilien (Wagenbach) lesenswert.

Andrea Camilleris Commissario Montalbano ist stets ein unterhaltsamer und packender Reisebegleiter; die meisten Kriminalromane Camilleris sind im Lübbe-Verlag erschienen.

Restaurants

Restaurantempfehlungen stehen im Info-Teil der jeweiligen Kapitel.

Preiskategorien

€€€€	3-Gäng-Menü	ab 60 €
€€€	3-Gäng-Menü	40–60 €
€€	3-Gäng-Menü	25–40 €
€	3-Gäng-Menü	bis 25 €

Sport

Baden: Mit seiner vielgestaltigen Küste bietet Sizilien etwas für jeden Geschmack: durchorganisierte Badestrände und einsame Felsbuchten, schwarzen oder blendend weißen Sand. Es empfiehlt sich allerding immer noch, die Nähe größerer Städte zu meiden, da trotz intensiver Bemühungen nach wie vor Abwässer auch aus Industriebetrieben im Meer landen. Immerhin wiurden zwölf sizilianische Strände mit der Blue Flag für vorbildliche Wasserqualität ausgezeichnet (www.blueflag.org).

Golf: Sizilien hat sich dem Grünen Sport noch nicht wirklich geöffnet, besitzt aber mit dem Il Piccolo Golf Club am Fuße des Ätna eines der schönsten 18-Loch-Greens Italiens (www.ilpiccioloetnagolfresort.com).

Radfahren: Vor allem im Parco delle Madonie lassen sich schöne Rad- und Mountainbike-Touren unternehmen. Deutschsprachiger Anlaufpunkt ist das Hotel Kalura bei Cefalù.

Reiten: Viele Agriturismo-Betriebe besitzen eigene Pferde und organisieren Ausritte in die Umgebung.

Geschichte

Ab 6000 v. Chr. Spuren jungsteinzeitlicher Siedler finden sich u.a. in der Grotta del Genovese auf der Insel Levanzo.

Ab 2000 v. Chr. Zuwanderung von Sikanern, Elymern und Sikulern.

Ab 1000 v. Chr. Phönizier gründen Handelsniederlassungen.

Ab dem 8. Jh. v. Chr. Beginn der griechischen Kolonisation. Ionische und dorische Flüchtlinge und Auswanderer lassen sich im östlichen Sizilien nieder: 735 v. Chr. wird Naxos gegründet, 730 v. Chr. Zankle (Messina). Leontinoi (Lentini) und Katana (Catania) folgen.

6.–3. Jh. v. Chr. Spannungen zwischen den einzelnen Kolonien und Auseinandersetzungen mit den inzwischen zu Karthago gehörenden, ehemals phönizischen Niederlassungen führen immer wieder zum Krieg. Gelon von Gela erobert Anfang des 6. Jh. v. Chr. Syrakus; 480 v. Chr. besiegt er zusammen mit Theron von Akragas (Agrigent) die Karthager in der Schlacht von Himera. Sizilien ist grob in einen östlichen griechischen und einen westlichen karthagischen Bereich mit wechselnden Allianzen geteilt.

Ab dem 3. Jh. v. Chr. Rom besiegt Karthago in drei „Punischen Kriegen", an denen die griechischen Städte auf unterschiedlichen Seiten teilnehmen. 210 v. Chr. ist Sizilien erobert und römische Provinz. Anders als unter griechischer bzw. karthagischer Herrschaft wird Sizilien als Kornkammer ausgebeutet. Berühmt wird Ciceros Anklage wegen Misswirtschaft in seinen Reden gegen Verres, den Statthalter Siziliens.

5./6. Jh. 440 erobern Vandalen Sizilien, ihnen folgen Ostgoten. Der byzantinische Feldherr Belisar führt die Insel 535 ins byzantinische Reich, wo sie bis zur arabischen Eroberung verbleibt.

827 Beginn der arabischen Eroberung, initiiert durch den Statthalter von Syrakus, der die Araber um Hilfe gegen den Kaiser bittet. Die in Tunesien regierenden Aghlabiden besetzen Sizilien, teilen es in drei Verwaltungsbezirke und erklären Palermo zur Hauptstadt. Die Landwirtschaft erlebt dank verbesserter Anbau- und Bewässerungsmethoden sowie neuer Kulturpflanzen eine Blüte. Im kulturellen Leben verschmelzen westliche und östliche Einflüsse mit den Werken antiker Denker.

1061 Die untereinander konkurrierenden Emire holen sich Normannen zur Unterstützung ins Land. Robert Guiscard und Roger besetzen Sizilien; 1091 fällt Noto. Ein neuer, von ethnischen wie kulturellen Einflüssen der Normannen, Araber und Byzantiner geprägter Staat entsteht, dessen Stein gewordener Ausdruck die fantastischen Kloster- und Kirchenbauten dieser Epoche sind.

1130–1266 Unter Roger II. (1095–1154) wird Sizilien Königreich. Den sakralen Aspekt der Herrschaft betonen die vielen Mosaikdarstellungen des durch Christus berufenen Königs in den normannischen Kirchen. Durch Erbfolge fällt der sizilianische Königsthron 1194 an den Staufer Heinrich IV., dessen Sohn Friedrich II. (1194–1250) 1212 in Mainz auch zum deutschen König und 1220 zum Kaiser gekrönt wird. Mit Friedrich II. erlebt Sizilien eine weitere kulturelle Blüte. Nach seinem Tod übernehmen die vom Papst favorisierten Grafen von Anjou die Macht.

1282 Mit der Sizilianischen Vesper begehren staufischer Adel und sizilianisches Volk gegen die Gewaltherrschaft des Hauses Anjou auf und vertreiben die Franzosen.

Ab 1302 Neues Herrschergeschlecht ist das spanische Haus Aragon, durch Heirat mit der letzten Stauferprinzessin verbunden. Der absolutistischen Machtausübung begegnen die Sizilianer immer wieder mit Aufständen.

17. Jh. 1669 zerstört ein heftiger Ausbruch des Ätna Catania, dem Erdbeben von 1693 fallen die meisten Städte im Südosten zum Opfer. Sie werden barock neu aufgebaut.

18./19. Jh. Wechselnde Dynastien bestimmen über Siziliens Schicksal: das Haus Savoyen, die Habsburger und die spanischen Bourbonen. Am 11. Mai 1860 landet Giuseppe Garibaldi (1807–1882) mit seinem „Zug der Tausend" in Marsala. Er nimmt Sizilien ein und vollzieht den Anschluss der Insel an das Königreich Italien.

19./20. Jh. Die schwierigen wirtschaftlichen Verhältnisse ändern sich nicht; Tausende von Sizilianern wandern in die USA aus. Im Zweiten Weltkrieg stützen sich die Amerikaner bei ihrer Landung auf die Mafiakontakte aus den USA und stärken so die Cosa Nostra auf Sizilien. 1946 erhält die Insel den Status einer autonomen Region. Einem wirtschaftlichen Aufschwung in den 1970er-Jahren folgt eine Reihe spektakulärer Mafia-Morde in den 1980er- und 1990er-Jahren. Hoffnung, sich des organisierten Verbrechens entledigen zu können, schürt Palermos couragierter Bürgermeister Leoluca Orlando.

Ab 2000 Eine Reihe von Verhaftungen lange gesuchter Capos der Mafia scheint die Cosa Nostra zu schwächen. Tatsächlich vollzieht sie einen Imagewandel weg von der bäuerlichen, von Analphabeten geführten und mordenden Organisation hin zu einem global kriminell operierenden Unternehmen. Neuer Pate – und spätestens seit der Festnahme von Domenico Raccugli im November 2009 die Nummer eins der Cosa Nostra – scheint der aus Castellammare del Golfo stammende Matteo Messina Denaro (geb. 1962) zu sein.

2013 Die mehrfach abgebrochenen Planungen für den Bau einer Brücke zwischen Sizilien und dem Festland werden endgültig zu Grabe getragen.

2014 Eine der größten Aktionen gegen die Mafia bringt bei einem Einsatz von mehreren Hundert Polizisten 78 Mitglieder der Cosa Nostra hinter Gitter – die stark wie eh und je zu sein scheint.

2015 Im März nimmt die Polizei den Präsidenten der Handelskammer Palermos Roberto Helg fest. Er galt als eine der Lichtgestalten im Antimafiakampf – und hatte 100 000 Euro Schmiergeld in der Tasche. Nach heftigen Eruptionen des Etna kommt dessen erneuter Ausbruch im Mai zum Stillstand.

Die Mosaiken im Dom des rund acht Kilometer südwestlich von Palermo liegenden Bischofsstädtchens Monreale erzählen auf einer Fläche von mehr als 6000 Quadratmetern biblische Geschichten in überwältigender Pracht.

SERVICE

Wetterdaten
Palermo

	TAGES-TEMP. MAX.	TAGES-TEMP. MIN.	WASSER-TEMP.	TAGE MIT NIEDER-SCHLAG	SONNEN-STUNDEN PRO TAG
Januar	15°	8°	4°	10	4
Februar	16°	8°	14°	10	5
März	18°	9°	14°	9	6
April	20°	11°	15°	6	7
Mai	24°	14°	17°	3	9
Juni	28°	18°	21°	2	10
Juli	30°	20°	24°	1	11
August	30°	21°	26°	2	10
September	28°	19°	24°	4	8
Oktober	24°	16°	22°	8	6
November	21°	12°	19°	9	5
Dezember	17°	9°	6°	11	4

Info

Schnorcheln/Tauchen: Die klaren Gewässer rund um Sizilien und vor allem auf den Inselgruppen laden zum Unterwassersport; Tauchschulen und Ausrüstungsverleih finden sich in allen größeren Städten und Ferienorten. Ein sehr reizvolles Tauchrevier ist die Insel Ustica.
Wandern: Interessante Wanderregionen sind die Berge der Madonie und der Nebrodi, doch sind nicht überall die Wege deutlich ausgeschildert. Gutes Kartenmaterial und Kompass gehören deshalb unbedingt in den Rucksack. Beliebt und einfach sind Wanderungen im Zingaro-Nationalpark und in der Schlucht von Pantalica. Auch am Ätna gibt es schöne Wanderwege, allerdings sollte man den Gipfelbereich nicht ohne Führer begehen.
Wind- und Kitesurfen: Beliebte Reviere sind die Lagune von Oliveri, das Capo Passero und die Lagune vor Mozia (www.puzziteddu.it). Eine Auflistung und Beschreibung der besten Spots steht auf www.latrinakria.it.

Telefon

Vorwahl nach Italien 0039, dann die 0 vor der Ortswahl mitwählen. Von Italien Vorwahl für Deutschland 0049, 0041 für die Schweiz, 0043 für Österreich, dann die Ortsvorwahl ohne 0. Italienische Handynummern werden ohne vorangestellte 0 gewählt.

Unterwegs vor Ort

Bahn/Bus: Sizilien besitzt ein relativ gut ausgebautes Bahn- und Busnetz, sodass man bequem mit öffentlichen Verkehrsmitteln reisen kann. Allerdings liegen die Bahnhöfe bzw. Haltestellen nicht immer nahe am Centro Storico. An den Wochenenden sind die Verbindungen deutlich schlechter als wochentags, wenn Schüler und Berufspendler reisen. Fahrpläne siehe www.trenitalia.com (auch englisch) und www.regione.sicilia.it/turismo/trasporti.
Schiff: Die Fähr- und Schnellbootverbindungen zu den Inseln sind abhängig von der Reisezeit. In der Hochsaison fahren sie häufig, im Winter muss man wetterbedingt auf die langsamen Fährschiffe zurückgreifen. Fahrpläne unter www.siremar.it, www.usticalines.it.
Innerstädtischer Verkehr: In den Großstädten gibt es ein dichtes und häufig befahrenes Busnetz. Die Touristeninformationen halten in der Regel Fahrpläne bereit.
Taxi: Wie man mit einem Taxifahrer zurecht- oder mit ihm vorankommt, ist abhängig von der „Notlage". In Regionen wie Palermo, wo Taxis Mangelware sind, bleibt dem Reisenden in der Regel wenig anderes übrig, als den geforderten Preis zu akzeptieren. Geht das Geschäft jedoch schlecht, kann man den Fahrer sicherlich davon überzeugen, das Taxameter anzuschalten.

Keine andere Stadt Siziliens ist so reich an Kulturschätzen aus den unterschiedlichsten Epochen wie Syrakus.

Register

Fette Ziffern verweisen auf Abbildungen

A
Agrigent 89, 97
Alicudi 109, 114
Äolische Inseln s. Liparische Inseln
Ätna 7, **14/15**, **20/21**, 49, **52/53**, **56**, **57**, 56, 57, **61**, 61
Avola 80

B
Belvedere Quattrocchi 7, **101**, 109, 113

C
Caltagirone 77, **77**, **80**, 81
Capo di Milazzo **59**, 59
Capo Passero 80
Castelvetrano 98
Catania 22, 22, **46–51**, 46–51, **60**, 60, 61
Cefalù 7, **18/19**, 22, **36**, **37**, 37, 45, **77**, 77, **110**, 110
Circumetna 61
Corleone **44**, 45, 95
Cosa Nostra **94**, **95**, 94, 95

D
Donnafugata 80, **89**

E
Egadische Inseln 99
Erice **76**, 76, 99

F
Filicudi 109, 114

G
Gela 89, 89, 95, **116**
Giardini Naxos 53, **55**, 60
Ginostra 115
Gola d'Alcantara **55**, 60

L
Lido Mazzarò 110
Lipari **100/101**, **102**, **103**, 103, 107, **109**, 109, 111, **113**, 113
Liparische Inseln 73, **100–115**

M
Madonie 39, 40, **45**, 45
Malfa 74, **114**, 114, **117**
Marina di Ragusa **118**
Marinella di Selinunte 23
Marsala **90**, **92**, **98**, 98, 117
Mazara del Vallo 87, 98
Messina **54**, 55, **59**, 59
Milazzo **59**, 59
Modica 69, 80
Mondello **32**, **33**, **111**, 111
Monreale 7, **34**, **35**, 35, 37, **44**, 44, **119**

Monti Iblei 69, 80
Mozia 87, **88**, 98

N
Noto 7, **70**, 71, **80**, 80, 89

O
Ortigia (s. auch Syrakus) 7, 65, 79

P
Palazzolo Acreide **71**, 79
Palermo 7, **10/11**, **12/13**, **16/17**, **24–35**, 24–35, **43**, 43, 44, 44, 94, **95**, 95
– Archäologisches Museum 44
– Cappella Palatina **10/11**, **26**, 31, 44
– Chiesa San Cataldo 30, 43
– Fontana Pretoria 27, 43
– Kathedrale **16/17**, **26**, 27, 43
– La Martorana 30, 43
– Mercato della Vucciria **12/13**, **28/29**, 44
– Mercato di Balarò 7, **28**, 35, **43**
– Normannenpalast **10/11**, **26**, 43
– Piazza Pretoria 27, 43
– Piazza Quattro Canti 27, 43
– San Giovanni degli Eremiti 31, 44
– Sant'Ignazio all'Olivella 31
– Teatro Massimo **24/25**, **44**, 44
Panarea 107, **108**, **114**, 114
Pantalica (Nekropole) 80
Pantalica (Schlucht) **81**, 81
Pantelleria **99**, 99
Petralia Soprana 76
Petralia Sottana 76
Piana degli Albanesi 77
Piazza Armerina **76**, 76
Pollara 114, **118**
Polizzi Generosa 39
Punta Milazzo 114

R
Ragusa 22, 22, **62/63**, 69, **70/71**, 80, **118**
Realmonte **23**, 23
Rocca di Cefalù **77**, 77

S
Salina 7, **73**, **104**, **105**, 107, 114, **117**, 117, **118**
Salinen **90/91**
San Gregorio 51
San Pantaleo (Mozia) **88**, 98
San Vito Lo Capo **98**, 99, **111**, 111
Santa Marina Salina **105**, 107, 114
Sciacca 97
Scicli 80
Segesta **8/9**, 99
Selinunt **82/83**, **98**, 98
Sperlinga **76**, 76
Stretto di Messina 55, 117
Stromboli 103, 109, **114**, **115**, 115
Syrakus 7, **64–67**, 64–67, **79**, 79, 80, **120**

T
Taormina 7, **14/15**, 23, 23, **52/53**, 53, **54**, 60, **110**, 110
Trapani **8/9**, 76, **86**, **87**, 89, **92**, **93**, 93, 99

V
Val di Noto 71
Valle dei Templi 7, **84**, **85**, 85, **97**, 97
Vendicari 110
Villa Romana del Casale 7, **68/69**, 76, 81
Vulcano **100/101**, 103, **109**, 109, 113, **114**, 114

Z
Zafferana Etnea 22
Zingaro-Nationalpark **110**, 110, 120

Impressum

3. Auflage 2016
© DuMont Reiseverlag, Ostfildern

Verlag: DuMont Reiseverlag, Postfach 3151, 73751 Ostfildern, Tel. 0711/4502-0, Fax 0711/4502-135, www.dumontreise.de
Geschäftsführer: Dr. Thomas Brinkmann, Dr. Stephanie Mair-Huydts
Programmleitung: Birgit Borowski
Redaktion: Robert Fischer (www.vrb-muenchen.de)
Text: Daniela Schetar, Friedrich Köthe
Exklusiv-Fotografie: Sabine Lubenow
Titelbild: laif/Hemis.fr/Hagenmuller
Zusätzliches Bildmaterial: S. 22 o. picture alliance/chromorange, 22 l. huber-images.de/Gräfenhain, 22 r. Hagenmuller/Hemis.fr/laif, 23 o. Friedrich Köthe, 23 u. Friedrich Köthe, 44 r.u. DuMont-Bildarchiv/Stefan Feldhoff/A. C. Martin, 45 u. DEA / R. CARNOVALINI, getty, 56 Marco Restivo/Demotix/Corbis, 57 Marco Restivo/getty images, 59 o.l. Sabine Lubenow/Look-foto, 60 r.o. DuMont-Bildarchiv/Stefan Feldhoff/A. C. Martin, 76 o. Wolfram Schleicher, 76 r. age fotostock / LOOK-foto, 77 l.o. DuMont-Bildarchiv/Stefan Feldhoff/A. C. Martin, 77 r.o. Thomas Stankiewicz / LOOK-foto, 77 r.u. huber-images.de / Lubenow Sabine, 80 l.o. age fotostock/Look-foto, 80 r.o. DuMont-Bildarchiv/Stefan Feldhoff/A. C. Martin, 94 Contrasto/laif, 95 o. Corbis/Sygma, 95 u. Corbis/Sygma, 97 l. huber-images.de/Gräfenhain, 97 r.o. TerraVista/Look-foto Agrigent, 97 r.u. huber-images.de/Huber Johanna, 99 u. Image Source, getty, 110 l. huber-images.de/Gräfenhain, 110 r. huber-images.de / Bartuccio A., 111 r.o. age fotostock / LOOK-foto, 111 r.u. age fotostock / LOOK-foto, 113 l.o. DuMont-Bildarchiv/Stefan Feldhoff/A. C. Martin, 114 l.o. age fotostock / LOOK-foto, 115 DuMont-Bildarchiv, 118 l.o. Celentano/laif, 118 l.u. Hemis/laif, 120 huber-images.de/Croppi Gabriele
Grafische Konzeption, Art Direktion und Layout: fpm factor product münchen
Cover Gestaltung: Neue Gestaltung, Berlin
Kartografie: © MAIRDUMONT GmbH & Co. KG, Ostfildern
Kartografie Lawall (Karten für „Unsere Favoriten")
DuMont Bildarchiv: Marco-Polo-Straße 1, 73760 Ostfildern, Tel. 0711/4502-266, Fax 0711/4502-1006, bildarchiv@mairdumont.com

Für die Richtigkeit der in diesem DuMont Bildatlas angegebenen Daten – Adressen, Öffnungszeiten, Telefonnummern usw. – kann der Verlag keine Garantie übernehmen. Nachdruck, auch auszugsweise, nur mit vorheriger Genehmigung des Verlages. Erscheinungsweise: monatlich.

Anzeigenvermarktung: MAIRDUMONT MEDIA, Tel. 0711/4502333, Fax 0711/45021012, media@mairdumont.com, http://media.mairdumont.com
Vertrieb Zeitschriftenhandel: PARTNER Medienservices GmbH, Postfach 810420, 70521 Stuttgart, Tel. 0711/7252-212, Fax 0711/7252-320
Vertrieb Abonnement: Leserservice DuMont Bildatlas, Zenit Pressevertrieb GmbH, Postfach 810640, 70523 Stuttgart, Tel. 0711/7252-265, Fax 0711/7252-333, dumontreise@zenit-presse.de
Vertrieb Buchhandel und Einzelhefte: MAIRDUMONT GmbH & Co KG, Marco-Polo-Straße 1, 73760 Ostfildern, Tel. 0711/4502-0, Fax 0711/4502-340
Reproduktionen: PPP Pre Print Partner GmbH & Co. KG, Köln
Druck und buchbinderische Verarbeitung: NEEF + STUMME premium printing GmbH & Co. KG, Wittingen, Printed in Germany

Lieferbare Ausgaben

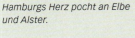

Hamburgs Herz pocht an Elbe und Alster.

Die Kanaren sind vom Klima begünstigt – beste Voraussetzung für herrliche Strandtage.

Hamburg

Deutschlands Tor zur Welt
Der Hafen ist das Aushängeschild der Hansestadt, aber Hamburg hat natürlich noch weit mehr zu bieten, wir präsentieren alle Highlights.

Urbane Visionen
Aus alten Hafenvierteln werden trendige Stadtteile. Erleben Sie das „neue" Hamburg.

Shopping hanseatisch
Hamburger Trend-Labels und Traditionshäuser, hier kaufen Sie zwar nicht günstig, aber gut!

Teneriffa
La Palma · La Gomera · El Hierro

Paradiesische Inseln
Sie wissen noch nicht wohin? Wir stellen Ihnen die Westkanaren ausführlich in Bild und Wort vor.

Exklusiv wohnen
Warum sich nicht mal etwas Besonderes gönnen, die besten Adressen auf Teneriffa und den kleinen Kanareninseln.

Wandern mit Aussicht
Unsere Favoriten – die neun erlebnisreichsten Wanderungen auf den Kanaren.

www.dumontreise.de

DEUTSCHLAND
119 Allgäu
092 Altmühltal
105 Bayerischer Wald
120 Berlin
162 Bodensee
121 Brandenburg
175 Chiemgau, Berchtesg. Land
013 Dresden, Sächs. Schweiz
152 Eifel, Aachen
157 Elbe und Weser, Bremen
125 Erzgebirge, Vogtland
168 Franken
020 Frankfurt, Rhein-Main
059 Fränkische Schweiz
112 Freiburg, Basel, Colmar
028 Hamburg
026 Hannover zw. Harz u. Heide
042 Harz
062 Hunsrück, Naheland, Rheinhessen
023 Leipzig, Halle, Magdeburg
131 Lüneburger Heide, Wendland
133 Mecklenburgische Seen
038 Mecklenburg-Vorpommern
033 Mosel
114 München
047 Münsterland
015 Nordseeküste Schleswig-Holstein
006 Oberbayern
161 Odenwald, Heidelberg
035 Osnabrücker Land, Emsland
002 Ostfriesland, Oldenb. Land
164 Ostseeküste Mecklenburg-Vorpommern
154 Ostseeküste Schleswig-Holstein
136 Pfalz
040 Rhein zw. Köln und Mainz
079 Rhön
116 Rügen, Usedom, Hiddensee
137 Ruhrgebiet
149 Saarland
080 Sachsen
081 Sachsen-Anhalt
117 Sauerland, Siegerland
159 Schwarzwald Norden
045 Schwarzwald Süden
018 Spreewald, Lausitz
008 Stuttgart, Schwäbische Alb
141 Sylt, Amrum, Föhr
142 Teutoburger Wald
170 Thüringen
037 Weserbergland
173 Wiesbaden, Rheingau

BENELUX
156 Amsterdam
011 Flandern, Brüssel
070 Niederlande

FRANKREICH
055 Bretagne
021 Côte d'Azur
032 Elsass
009 Frankreich Süden Languedoc-Roussillon
019 Korsika
071 Normandie
001 Paris
115 Provence

GROSSBRITANNIEN/IRLAND
063 Irland
130 London
138 Schottland
030 Südengland

ITALIEN/MALTA/KROATIEN
017 Gardasee, Trentino
110 Golf von Neapel, Kampanien
163 Istrien, Kvarner Bucht
128 Italien, Norden
005 Kroatische Adriaküste
167 Malta
155 Oberitalienische Seen
158 Piemont, Turin
014 Rom
165 Sardinien
003 Sizilien
140 Südtirol
039 Toskana
091 Venedig, Venetien

GRIECHENLAND/ZYPERN/TÜRKEI
034 Istanbul
016 Kreta
176 Türkische Südküste, Antalya
148 Zypern

MITTEL- UND OSTEUROPA
104 Baltikum
122 Bulgarien
094 Danzig, Ostsee, Masuren
169 Krakau, Breslau, Polen Süden
044 Prag
085 St. Petersburg
145 Tschechien
146 Ungarn

ÖSTERREICH/SCHWEIZ
129 Kärnten
004 Salzburger Land
139 Schweiz
144 Tirol
147 Wien

SPANIEN/PORTUGAL
043 Algarve
093 Andalusien
150 Barcelona
108 Costa Brava
025 Gran Canaria, Fuerteventura, Lanzarote
172 Kanarische Inseln
124 Madeira
174 Mallorca
007 Spanien Norden, Jakobsweg
118 Teneriffa, La Palma, La Gomera, El Hierro

SKANDINAVIEN/NORDEUROPA
166 Dänemark
153 Hurtigruten
029 Island
099 Norwegen Norden
072 Norwegen Süden
151 Schweden Süden, Stockholm

LÄNDERÜBERGREIFENDE BÄNDE
123 Donau – Von der Quelle bis zur Mündung
112 Freiburg, Basel, Colmar

AUSSEREUROPÄISCHE ZIELE
010 Ägypten
053 Australien Osten, Sydney
109 Australien Süden, Westen
107 China
024 Dubai, Abu Dhabi, VAE
160 Florida
036 Indien
027 Israel
111 Kalifornien
031 Kanada Osten
064 Kanada Westen
171 Kuba
022 Namibia
068 Neuseeland
041 New York
048 Südafrika
012 Thailand
046 Vietnam